高等学校"十三五"规划教材

U0379119

Photoshop CS6 实用案例教程

主　编　刘长新　黄　洁　李　佩

副主编　李涤非　梁日升

参　编　陆少敏　王　净　宋　鹏　赵剑锋

　　　　任　杰　言琳华　何志方　曹芯瑜

　　　　唐　堃　黄菊新　王宪中　安国锋

西安电子科技大学出版社

内 容 简 介

本书全面系统地介绍了 Photoshop CS6 的基本操作方法和图形图像处理技巧，主要内容包括：Photoshop CS6 软件的基础知识，Photoshop CS6 的初级使用，选区的运用，图像的填充与擦除，绘图工具的运用，修饰与仿制工具的运用，路径与形状的运用，文字处理，图像编辑辅助工具的运用，图像色彩和色调的运用，图层的运用，图层蒙版的运用，蒙版与通道的基本运用，蒙版与通道的高级运用，滤镜的运用，自动化操作等。

本书分为理论篇、案例篇两部分，内容翔实、图文并茂、语言通俗易懂，以基本概念和入门知识为主线，讲解 Photoshop CS6 的应用方法，将功能讲解、快捷键操作与案例融为一体，力求通过案例讲解与演练，使读者快速掌握 Photoshop CS6 的使用方法，达到软件为设计服务的目的。

本书可作为高等院校本科设计类(视觉传达、环艺、影视动画等)、摄影、计算机多媒体、广告与传媒等相关专业的教材，也可作为设计人才培训学校的教材或相关人员的自学参考用书。

书中部分素材设计效果可通过扫描相应位置的二维码获取，对读者学习掌握教材内容有极大的帮助。

图书在版编目(CIP)数据

Photoshop CS6 实用案例教程 / 刘长新，黄洁，李佩主编. —西安：西安电子科技大学出版社，2017.9(2019.8 重印)

(高等学校"十三五"规划教材)

ISBN 978-7-5606-4663-3

Ⅰ. ① P… Ⅱ. ① 刘… ② 黄… ③ 李… Ⅲ. ① 图像处理软件—教材 Ⅳ. ① TP391.413

中国版本图书馆 CIP 数据核字(2017)第 223612 号

策　划　陈　婷
责任编辑　杨　薇
出版发行　西安电子科技大学出版社(西安市太白南路 2 号)
电　话　(029)88242885　88201467　　邮　编　710071
网　址　www.xduph.com　　　　　　电子邮箱　xdupfxb001@163.com
经　销　新华书店
印刷单位　陕西天意印务有限责任公司
版　次　2017 年 9 月第 1 版　　2019 年 8 月第 3 次印刷
开　本　787 毫米×1092 毫米　1/16　印　张　12.5
字　数　353 千字
印　数　3201～6200 册
定　价　30.00 元

ISBN 978-7-5606-4663-3/TP

XDUP　4955001-3

前　言

  Adobe Photoshop CS6 继承了以往版本的优良功能，同时性能更为稳定，功能也更为完善。使用 Adobe Photoshop CS6 进行设计工作，用户可以更好地实现设计理念，绘制出更完美的作品。

  Adobe Photoshop CS6 是应用最广泛的平面设计软件，已经被广泛应用于广告设计、包装设计、影像创意、插画绘制、艺术文字、网页设计、界面设计等领域。

  本书从实用角度出发，系统讲解了 Photoshop CS6 的所有功能，基本上涵盖了 Photoshop CS6 的全部工具、面板和菜单命令，是初学者快速入门、学习 Photoshop CS6 的基础教程。全书功能讲解简洁明了，操作步骤简单实用。本书图文并茂、内容丰富、实用性强，通过实例讲解、针对内容的范例或练习，使初学者能把讲解的方法很快运用到实际操作中，充分提高学习效率，锻炼实践能力。书中每一个实例都是先介绍相关基础知识和关键点，接着再逐步地讲解，力求使读者能在短时间内完全掌握 Photoshop CS6 的基本功能，熟练应用该软件进行设计工作。

  本书由刘长新(桂林电子科技大学)、黄洁(桂林电子科技大学)、李佩(北海艺术设计学院)任主编，李涤非(桂林电子科技大学)、梁日升(桂林电子科技大学)担任副主编，刘长新(桂林电子科技大学)对全书进行了审读。本书第一部分理论篇由黄洁编写，第二部分案例篇由刘长新、李佩编写。本书编写过程中得到了桂林电子科技大学北海校区各位领导和老师的大力支持，在此向他们表示由衷的感谢。

  由于编者水平有限，加之编写时间仓促，书中不足之处在所难免，恳请广大读者批评指正。

编　者

2017 年 5 月

前　言

目　　录

理　论　篇

案　例　篇

理 论 篇

第 1 章 Photoshop 概述

1.1 Photoshop CS6 的应用领域

Photoshop 的应用领域十分广泛，主要体现在以下几个方面。

1. 在平面设计中的应用

Photoshop 不仅引发了印刷业的技术革命，也成为了图像处理领域的行业标准。在平面设计与制作中，Photoshop 已经完全渗透到平面广告、包装及海报 POP 设计，书籍装帧、印刷、制版等各个环节，如图 1-1 所示。

(a) 书籍装帧   (b) 包装设计

图 1-1 Photoshop 在平面设计中的应用

2. 在插画设计中的应用

电脑艺术插画作为 IT 时代的先锋视觉表达艺术之一，其触角延伸到了网络、广告、CD封面甚至 T 恤，插画已经成为新文化群体表达文化意识形态的利器。Photoshop 可以绘制风格多样的插图，如图 1-2 所示。

(a)   (b)

图 1-2 Photoshop 在插画设计中的应用

3. 在界面设计中的应用

从以往的软件界面、游戏界面，到如今的手机操作界面、MP4 与智能家电等界面，界面设计也伴随着计算机、网络和智能电子产品的普及而迅猛发展。界面设计与制作主要是用 Photoshop 来完成的，使用 Photoshop 的渐变、图层样式和滤镜等功能可以制作出各种真实的质感和特效，如图 1-3 所示。

图 1-3　Photoshop 在界面设计中的应用

4. 在网页设计中的应用

Photoshop 可用于设计和制作网页页面，如图 1-4 所示。将制作好的页面导入到 Dreamweaver 进行处理，再用 Flash 添加动画内容，便可以生成互动的网站页面。

图 1-4　Photoshop 在界面设计中的应用

5. 在数码摄影后期处理中的应用

作为最强大的图像处理软件，Photoshop 可以完成从照片的扫描与输入，到校色、图像修正，再到分色输出等一系列专业化的工作。不论是色彩与色调的调整，照片的校正、修复与润饰，还是图像创造性的合成，在 Photoshop 中都可以找到最佳的解决方法，如图 1-5 所示。

(a)　　　　　　　　　　　　　　　(b)

图 1-5　Photoshop 在数码摄影后期处理中的应用

1.2　Photoshop CS6 的工作界面

Photoshop CS6 默认工作区包括七个部分，分别为菜单栏、工具选项栏、标题栏、工具栏(工具箱)、文件窗口、控制面板(活动面板)、状态栏，如图 1-6 所示。

图 1-6　Photoshop CS6 的工作界面

1. 菜单栏

Photoshop CS6 的菜单栏由"文件""编辑""图像""图层""文字""选择""滤镜""3D""视图""窗口""帮助"共 11 类菜单组成，包含了操作时要使用的所有命令。

要使用菜单栏中的某个命令，只需将鼠标光标指向菜单栏中的某项并单击，此时将显示相应的子菜单。在下拉菜单中上下移动鼠标进行选择，然后再单击要使用的菜单选项，即可执行此命令。如图 1-7 所示就是执行"图像"→"模式"命令后的子菜单。

图 1-7　执行"图像"→"模式"命令后的子菜单

2. 工具选项栏

工具选项栏用于设置工具的各项参数，在工具箱中选择一种工具后，工具选项栏中将会出现对该工具的各种属性设置，如图 1-8 所示。

图 1-8　矩形选框的工具属性栏

3. 工具箱

在工具箱中包括了 Photoshop CS6 软件的各种常用的工具，用于绘图和执行相关的图像处理。常用工具图标右下角有个黑色三角形，表示该图标位置还包含其他工具，将光标移动到该图标上右击即可选择隐藏的工具，如图 1-9 所示。

图 1-9　文字工具的子工具

4. 文件窗口

文件窗口是对图像进行编辑和处理的地方，当打开文件或图片时，在文件窗口左上方将有标题栏，上面有当前应用文件的名称、缩放大小等信息和关闭按钮。在文件窗口左侧和上侧则分别出现标尺，以便在工作中进行定位等操作。

5. 控制面板

控制面板是 Photoshop 必不可少的组成部分，可以帮助用户监控和修改图像，隐藏和显示浮动控制面板可以在"窗口"菜单下控制。浮动控制面板在默认情况下是几个面板共享一个控制窗口，可以依据个人喜好随意调整。

6. 状态栏

状态栏起着显示图像处理的各种信息的作用，最左侧显示比例，可以直接输入数值；中间部分显示图像文件信息，其右边的小三角按钮下是信息分类菜单，如图 1-10 所示；右侧显示操作提示信息，是与当前所使用的工具相关的提示。

图 1-10　状态栏

1.3　图像处理的基本概念

我们在计算机屏幕上看到的各种各样的图像大致可分为两种：位图和矢量图。

1. 位图

位图又称点阵图，是由一个个小方格组成的，这些小方格被称为像素。在图像中，像素是基本元素，它们由一些极细微的不同颜色的正方形通过平铺镶嵌而成，放大会失真，出现马赛克现象，如图 1-11 所示。

(a) 像素点　　　　　　　　　　　　　(b) 位图原图

图 1-11　位图

(1) 像素(Pixel)：是由 Picture 和 Element 这两个单词所组成的，是用来计算数码影像的一种单位。如同摄影的相片一样，数码影像也具有连续的浓淡阶调，我们若把影像放大数倍，会发现这些连续色调其实是由许多色彩相近的小方点所组成的，这些小方点就是构成影像的最小单位——像素(Pixel)。

(2) 分辨率：指单位长度上像素的数目，其单位为 Pixel/inch(像素/英寸)或 Pixel/cm(像素/厘米)。所以，单位面积的像素点越多，即分辨率越高，图像的效果越好。

2. 矢量图

矢量图是由一些用数学方式描述的直线和曲线组成的。它的组成基本单元是点和路径。无论放大或缩小多少倍，它的边缘始终是平滑的，尤其适合于企业标记，如商业信纸、招贴广告等，只需一个较小的电子文件就可以随意缩放，效果却一样清晰。它的质量高低与分辨率无关。Coreldraw、Illustrator 等软件是绘制矢量图的专用软件。如图 1-12 所示为一矢量图原图和放大后效果的对比。

　　　　(a) 矢量图原图　　　　　　　　　　　　(b) 放大后的效果

图 1-12　矢量图

总之，位图能够制作出色彩和色调变化丰富图像，可以逼真表现自然界的景观，同时又很容易在不同软件之间交换文件。矢量图文件所占容量小，很容易进行缩放、旋转等操作，并且图像不会失真，精确度高，可以制作 3D 图像。但矢量图不易制作色调丰富或色彩变化太多的图像，绘制的图形不是很逼真，同时不易在不同的软件间交换文件。

1.4　图像文件的基础操作

1. 创建新文件

在菜单中执行“文件”→“新建”命令(Ctrl + N)，弹出如图 1-13 所示的对话框，在名称文本框中输入所需的文件名称，在文件设置栏中设置所需的大小、单位和方向，在颜色模式栏中设置所需的颜色模式 CMYK 或 RGB 等。

图 1-13　新建对话框

2. 打开与关闭图像文件

1）打开图像

方法一：在菜单中执行"文件"→"打开"，在对话框中单击要打开的图像文件名，然后单击"打开"按钮或直接双击要打开的文件名。

方法二：在菜单中执行"文件"→"最近打开的文件"，用于快速打开最近打开过的 10 个文件。

2）关闭图像窗口

方法一：在菜单中执行"文件"→"退出"。

方法二：单击窗口右上角的"文件"按钮。

方法三：按 Ctrl + F4 或 Ctrl + W 组合键。

3）保存图像

选择"文件"→"存储"或 Ctrl + S 组合键。如果图像为新图像，此时，系统将打开"存储为"对话框。

一般情况下，如果是对已有文件进行编辑，则选择"文件"→"存储"菜单，此时系统将不打开"存储为"对话框。但是，如果对文件进行了某些特殊操作，例如，为一个 TIFF 格式的图像文件创建了图层等，由于只有 Photoshop 的 PSD 格式图像文件才能保存这些特性，因此，此时系统将打开"存储为"对话框，且图像格式下拉列表中只能选择 PSD 格式。

1.5　Photoshop 的颜色模式

颜色模式主要用于确定图像中显示的颜色数量，另外还影响图像中默认颜色通道的数量和图像的文件大小。如何描述和重现图像的色彩，决定了用于显示和打印图像的颜色模式。

1. RGB 颜色模式

利用红(red)、绿(green)和蓝(blue) 3 种基本颜色，可以配制出绝大部分肉眼能看到的颜色。Photoshop 将 24 位 RGB 图像看做由 3 个颜色通道组成，分别是红色通道、绿色通道和蓝色通道。其中每个通道使用 8 位颜色信息，该信息是由从 0～255 的亮度值来表示。这 3 个通道通过组合，可以产生 1670 余万种不同的颜色。可以从不同的通道对 RGB 图像进行处理，从而增强图像的可编辑性。

2. CMYK 颜色模式

CMYK 颜色模式是一种印刷模式,其中的 4 个字母分别指的是青(cyan)、洋红(magenta)、黄(yellow)和黑(black)。该颜色模式对应的是印刷用的 4 种油墨颜色，其中，将 C、M、Y 三种颜色混合起来，可以得到黑色，但这种黑色的印刷效果不好，为了使印刷品为纯黑色，故在 C、M、Y 的基础上加入了 K。

在 CMYK 颜色模式下,可以为每个像素的每种印刷油墨指定一个百分比值。为最亮(高光)颜色指定的印刷油墨百分比较低，而为较暗(阴影)颜色指定的印刷油墨百分比较高。例如，亮红色可能包含2%青色、93%洋红、90%黄色和0%黑色。在 CMYK 图像中，当四种分量的值均为 0 时，就会产生纯白色。

在制作要用印刷色打印的图像时，应使用 CMYK 模式。将 RGB 图像转换为 CMYK 时即产生分色。如果从 RGB 图像开始，则最好先在 RGB 模式下编辑，然后在处理结束时转换为 CMYK 模式。在 RGB 模式下，可以使用"校样设置"命令模拟 CMYK 转换后的效果，而无须更改图像数据。也可以使用 CMYK 模式直接处理从高端系统扫描或导入的 CMYK 图像。

3. Lab 颜色模式

Lab 颜色模式是用一个亮度分量 L(Lightness)以及两个颜色分量 a 与 b 来表示颜色的。其中，L 的取值范围为 0~100，a 分量代表由绿色到红色的光谱变化，b 分量代表由蓝色到黄色的光谱变化，且 a 和 b 分量的取值范围均为 −120~120。它是 Photoshop 的内部颜色模式，能毫无偏差地在不同系统和平台之间进行转换，因此是 Photoshop 在不同颜色模式之间转换的中间模式。

4. 多通道模式(Multichannel)

将图像转换为多通道模式后，系统将根据源图像产生相同数目的新通道，该颜色模式下的每个通道都为 256 级灰度通道(组合仍为彩色)，通常被用于处理特殊打印。如果删除了 RGB、CMYK 和 Lab 模式中的某个通道，该图像会自动转换为多通道模式。

5. 索引颜色模式(Index)

索引颜色模式是为减少图像文件所占的存储空间而设计的一种颜色模式。采用这种模式后，系统将从图像中提取 256 种典型的颜色作为颜色表，图像中的各种颜色都由颜色表中的颜色组成。这种模式可极大地减小图像文件的存储空间(大概只有 RGB 模式的 1/3)。该模式在印刷中很少使用。

6. 双色调模式(Duotone)

彩色印刷品通常是以 CMYK 4 种油墨来印刷的，但有些印刷物(如名片)，往往只需要用两种油墨颜色就可以表现出图像的层次感和质感。因此并不需要全彩色的印刷质量，可考虑用双色印刷来节省成本。

7. 灰度颜色模式(Grayscale)

灰度颜色模式下图像由具有 256 级灰度的黑白颜色构成，一幅灰度模式图像在转变成 CMYK 模式后可以增加彩色。如果将 CMYK 模式的彩色图像转变为灰度模式则颜色不能恢复，只有灰度信息，没有色彩，Photoshop 将灰度图像看成只有一种颜色通道的数字图像。

8. 线画稿或位图模式(Bitmap)

要将文字或漫画等扫描进计算机，一般可采用线画稿模式，适合于只有黑白两色构成的而且没有灰度阴影的图像，按这种方式扫描图像的速度快，而且产生的图像文件小，易于操作，但它所获取的源图像信息有限。

此外，选用何种颜色模式还与该图像文件所使用的存储格式有关。例如，用户无法将使用 CMYK 颜色模式的图像以 BMP、GIF 等格式保存。

1.6 图像文件格式

在进行图像处理时，采用什么格式保存图像与图像的用途是密切相关的。例如图像作为网页素材时，将其保存为 JPG 格式；图像用于彩色印刷时，将其保存为 PSD 格式。图像文件的格式是由文件的扩展名标识的。

(1) PSD 格式：PSD 格式可以支持最高达到 300 000 像素的超大图像文件，它可以保持图像中的通道、图层样式、滤镜效果不变。PSD 格式的文件只能在 Photoshop 中打开。

(2) GIF 格式：为 256 色 RGB 图像，特点是文件尺寸较小，支持透明背景，特别适合作网页图像，还可用 ImageReady 制作 GIF 格式的动画。

(3) BMP 格式：是 Windows 系统中"画图"程序的标准格式，图像完全不失真，采用无损压缩，支持 RGB、索引、灰度、位图等模式。

(4) JPEG(JPG)格式：是一种压缩率最高的存储模式，但它采用有损压缩，适合保存不含文字或文字尺寸较大的图像，否则将导致图像中的字迹模糊。JPEG 格式多用于保存网页素材图像，支持 CMYK、RGB、灰度等颜色模式。

(5) PDF 格式：是由 Adobe 公司专为网上出版制定的，支持超级链接，是由 Adobe Acrobat 软件生成的文件格式，可保存多页信息，其中包含图形和文本。也是网络下载常用的格式，支持 RGB、索引、CMYK、灰度、位图、Lab 模式。

(6) TIFF(TIF)格式：支持包含一个 Alpha 通道的 CMYK、RGB 和灰度模式及不含 Alpha 通道的 Lab、索引和位图模式。

1.7 图像大小与分辨率设置

打印时，高分辨率的图像比低分辨率的图像包含的像素更多，因此像素点更小。与低分辨率的图像相比，高分辨率的图像可以表现更多的细节与更细微的颜色过渡，因为高分辨率图像中的像素密度更高。

在 Photoshop 实际设计过程中，对作品的大小一般都有明确的要求，因此掌握调整图像大小的方法非常重要。

调整图像大小的具体操作步骤如下：

(1) 在 Photoshop CS6 窗口中，打开一个需要改变大小的图像文件，如图 1-14 所示。

(2) 在菜单中执行"图像"→"图像大小"，打开"图像大小"对话框，如图 1-15 所示。

(3) 若要优化图像，使图像更清晰而文件又尽可能小，就需要对图像的分辨率进行调整了。在"图像大小"对话框中，重新设定分辨率的参数，此时图像的文件大小不会改变，而像素尺寸会随之变化。

提示：如果所制作的图像仅用于显示(如作为网页图像)，可将其分辨率设置为 72 或 96 dpi(像素/英寸)；如果制作的是图书封面、招贴画等要进行印刷的彩色图像，其分辨率通常应设置为 300 dpi。

图 1-14　原图

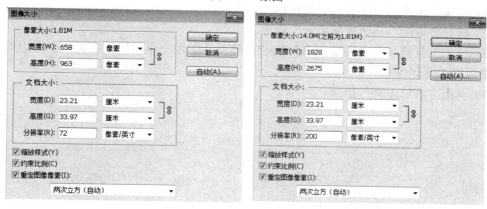

(a) 原图分辨率　　　　　　　　　　　(b) 设置分辨率后

图 1-15　分辨率设置

1.8　图像显示的基本操作

在 Photoshop 中打开一个图像文件时，系统会根据图像大小自动调整图像在 Photoshop 工作界面中的显示比例，并将其显示在图像窗口的状态栏中，用户可以根据需要对显示比例进行修改。

1. 图像的显示模式

在 Photoshop 中，工作界面有几种显示模式，用户可以根据需要选择不同的模式编辑和查看图像。将鼠标放在工具箱中"更改屏幕模式"图标  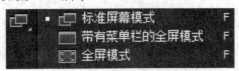 处，按住鼠标左键不放，会弹出它的隐藏按钮列表，如图 1-16 所示。

图 1-16　图像的显示模式

从图 1-16 中可以看出，工作界面有 3 种显示模式，用户可以根据需要选择不同的显示模式图标。下面简单介绍一下这 3 种模式。

(1) 标准屏幕模式：标准的图像显示模式。

(2) 带有菜单栏的全屏模式：图像在 Photoshop 工作界面中以全屏模式显示，但带有菜单栏，不可以改变图像的显示比例。

(3) 全屏模式：和"带有菜单栏的全屏模式"相似，但没有菜单栏，图像以黑色背景显示，常用于预览图像的编辑效果。

2. 图像的 100%显示模式

100%显示图像是指以图像的实际大小显示在 Photoshop 工作界面。100%显示图像是图像的实际显示状态，最能真实地反映图像的显示效果。

将图像以 100%比例显示的几种方法具体如下：

(1) 直接在图像窗口状态栏上将比例改为 100%。

(2) 执行"视图"→"实际像素"命令。

(3) 单击工具箱中的"缩放工具"按钮，然后在图像中单击鼠标右键，在弹出的快捷菜单中选择"实际像素"命令。

(4) 双击"缩放工具"按钮。

第 2 章　图层基础知识

2.1　认识图层

简单地说，图层可以看做一张张独立的透明胶片，其中每一张胶片上都绘制有图像的一部分内容，将所有胶片按顺序叠加起来即可得到完整的图像。图层是 Photoshop 的核心功能之一，图层的使用也是图像编辑的前提。

1. 图层的种类

Photoshop 的图层由以下几类组成。

(1) 普通图层：这是最基本的图层形态，可以实现混合、旋转等编辑功能。

(2) 背景图层：一个图像文件中最多只有一个背景图层。它与普通图层不同的是，它处于图层的最底层，而且无法进行变形编辑、混合模式和样式等编辑处理，但是可以将背景图层转换为普通图层后再编辑。

(3) 文字图层：这是文字对象所处的图层。

(4) 形状图层：形状图层中所放置的对象为矢量属性对象，由填充图层及剪贴路径两部分组成。其中前者可决定矢量对象的着色模式，后者可以控制矢量对象的外形。

(5) 调整图层：调整图层可以看做图层的色彩调整工具，相对于色彩调整工具仅能调整一个图层，它可以将位于当前图层下的图层一并处理。

(6) 填充图层：填充图层可以指定图层所包含的内容形式。

2. 图层调板

图层调板是图层管理的主要场所，各种图层操作基本上都可以在图层调板中完成。

执行"窗口"→"图层"命令，或直接按下 F7 键即可显示(或隐藏)图层调板，如图 2-1 所示。

从图中可以看出，图层调板的几个主要组成部分如下。

(1) 图层混合模式：选择当前图层与下面图层的颜色混合模式。

(2) 图层不透明度：可以设置当前图层的不透明度。

(3) 填充不透明度：设置图层填充的不透明度。

(4) 锁定按钮组：组中有 4 个按钮，从左到右分别是锁定透明像素、锁定图像像素、锁定位置和锁定全部。

(5) 眼睛图标：用于控制图层的显示或隐藏，处于隐藏状态的图层不能被编辑。

(6) 图层名称：主要便于图层的识别和选择，每个图层都可定义一个名称。

(7) 当前图层：可以选择在一个或多个图层上进行操作，这些所操作的图层称为当前图层，当前选择的图层会以灰色显示。对于某些操作只能在单个图层上操作。

（8）图层缩略图：图层缩略图是图层图像的缩小图，便于查看和识别图层。

（9）图层调板按钮组：共 7 个按钮，分别用于完成相应的图层操作。从左至右分别是链接图层、图层样式、添加图层蒙版、添加调整图层、图层组、新建图层及删除图层。

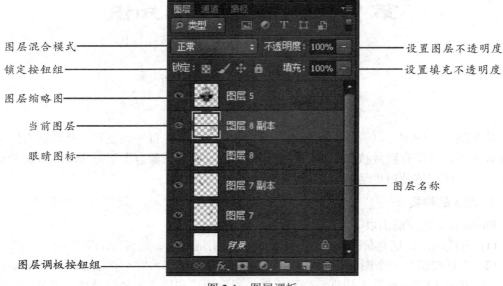

图 2-1　图层调板

2.2　图层的基本操作

1. 创建普通新图层

在图层调板的底部单击"创建新图层"按钮即可建立新图层，如图 2-2 所示。该图层使用"正常"颜色模式，并按照其图层创建顺序命名，即图层 1、图层 2 等。

图 2-2　新建图层

利用菜单命令也可以建立普通新图层，按下 Ctrl + Shift + N 快捷键即可打开"新建图层"对话框，如图 2-3 所示。

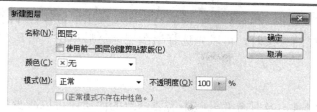

图 2-3　"新建图层"对话框

2. 创建填充或调整图层

执行"图层"→"新调整图层"→"色彩平衡"命令可以建立调整图层，或单击图层调板按钮组，在弹出菜单中选择调整命令来创建调整图层。建立的调整图层如图 2-4 所示。调整图层主要用于调节图层的色调与色彩。

(a) 创建填充或调整图层选项　　　　　　　　(b) 调整图层

图 2-4　创建填充或调整图层

3. 创建背景图层

执行"图层"→"新建"→"图层背景"命令可以创建填充背景色的背景图层，如图 2-5 所示。此外，执行"文件"→"新建"命令创建图像时，可以自动建立背景图层。

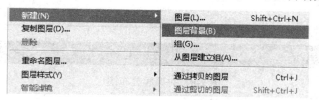

图 2-5　创建背景图层

4. 链接图层

链接图层可以将两个以上的图层链接到一起，被链接的图层可以被一起移动或变换。链接方法是在图层调板中按住 Ctrl 键，在要链接的图层上单击，将其选中后，单击图层调板中的"链接图层"按钮，此时会在调板的链接图层中出现链接符号 ，如图 2-6 所示。

要解除某个图层的链接时，可以先选择该图层，然后单击"链接图层"按钮，以解除链接关系。

5. 合并图层

在进行图像编辑时，及时合并一些不需要修改的图层，可以减少图层数量，因此，合并图层是一项非常重要的图层操作。

合并图层的方法主要有以下 3 种。

(1) 向下合并：选择此命令可将当前选择图层与图层调板的下一图层进行合并，合并时下面的图层必须为可见，快捷键是 Ctrl + E。

(2) 合并可见图层：就是将图像中所有可见的图层进行合并，如图 2-7 所示。

(3) 拼合图像：合并图像中的所有图层。如果有隐藏图层，系统将弹出选择的对话框。

图 2-6　链接图层

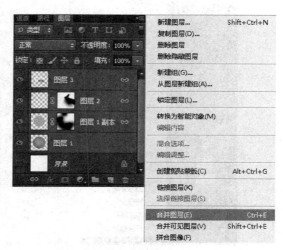

图 2-7　合并图层

6. 对齐和分布图层

对齐和分布功能用于准确定位图层的位置，在对齐和分布前，首先需要选择图层，或将图层设置为链接图层，然后使用"图层"→"对齐"和"图层"→"分布"级联菜单命令，或者单击选择工具栏相应的按钮，如图 2-8 所示，进行对齐和分布操作。

图 2-8　对齐和分布图层

对齐和分布操作具体包括以下功能。

(1) 对齐图层：左对齐、右对齐、顶对齐、底对齐、垂直居中对齐以及水平居中对齐。

(2) 分布图层：按左分布、按右分布、按顶分布、按底分布、按垂直居中分布以及按水平居中分布。

第3章　工具箱基础知识

3.1　创　建　选　区

3.1.1　使用选框工具创建规则选区

　　选区的功能是准确控制图像编辑的范围，从而获得精确的操作效果。选区建立后，在选区的边界会出现不断交替闪烁的虚线，用来表示选区的范围，如图3-1所示。此时可以对选定的图像进行各种操作，比如对图像进行填充、滤镜等操作，而选区外的图像丝毫不会受到影响。

　　在Photoshop中创建选区的工具有3种，分别是选框工具组、套索工具组以及魔术棒工具。其中选框工具组包括矩形选框工具、椭圆选框工具、单行选框工具和单列选框工具，可以用来创建规则选区，如图3-1所示。

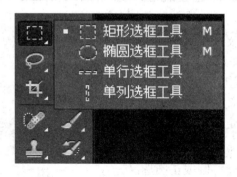

图3-1　选框工具组

1. 矩形选框工具

　　矩形选框工具是最常用的选框工具，使用该工具在图像窗口的相应位置进行拖动，可建立矩形选区。若按下Shift键拖动，可建立正方形选区，按下Alt + Shift键拖动，可建立以起点为中心的正方形选区。

　　当需要取消选择时，执行"选择"→"取消选择"命令(快捷键Ctrl + D)。

　　1) 羽化

　　"羽化"选项用于柔化选区边缘，产生渐变过渡的朦胧效果。在羽化文本框中可设置0～250的整数，来定义羽化的强度，系统默认羽化值为0，即不羽化，羽化值越大效果越明显。选区的羽化功能常用来制作晕边艺术效果，如图3-2所示。

(a) 未羽化边缘效果　　　　　　　　(b) 羽化边缘效果

图 3-2　羽化边缘效果

2) 样式

样式只使用于矩形选框工具和椭圆选框工具。打开工具选项栏中的"样式"下拉列表，可以选择三种不同的选取方式，如图 3-3 所示。

图 3-3　样式选项栏

下拉列表中各项的含义如下。

(1) 正常：可以创建任意大小和长宽比例的选区。

(2) 固定大小：在"宽度"和"高度"文本框中输入数值，来创建指定大小的选区。

(3) 固定比例：在"宽度"和"高度"文本框中输入数值，可以创建指定长宽比例的选区。

2. 椭圆选框工具

椭圆选框工具用于创建椭圆或正圆选区。

创建椭圆选区的方法与创建矩形选区的方法基本相同，若按下 Shift 键拖动，可以创建椭圆选区；若按下 Alt+Shift 键拖动，则可以建立以起点为圆心的正圆选区。

3. 单行和单列选框工具

使用单行或单列选框工具在图像窗口中单击可以创建 1 像素高度或宽度的选区。在选区内填充颜色可以得到水平或垂直直线。通常情况下，这两种工具不常使用。创建多个单行和单列选区后填充颜色，可得到栅格效果，如图 3-4 所示。

图 3-4　创建单行单列效果

3.1.2 使用套索工具创建不规则选区

套索工具组用于建立不规则形状选区，包括套索工具、多边形套索工具和磁性套索工具，如图 3-5 所示。

1. 套索工具

套索工具用于徒手绘制不规则形状的选区范围。选择该工具后，在图像窗口按住鼠标左键拖动，直到选择完所需区域后，松开鼠标左键，即完成选区的创建，如图 3-6 所示。

若在鼠标拖动过程中，终点尚未与起点重合就松开鼠标，则系统会自动封闭不完整的选取的区域。

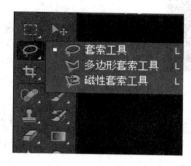 

图 3-5 套索工具组　　　　　　图 3-6 使用套索工具创建选区

2. 多边形套索工具

多边形套索工具通过单击的方式来建立各种多边形选区，使用简单、方便，是创建不规则选区最常用的工具。选择该工具后，在图像窗口起点处单击并释放鼠标，在需要转折的地方再次单击释放鼠标，如此重复，回到起点附近，鼠标指针旁边出现圆形符号，单击鼠标结束操作。在选取过程中，按 Delete 键可以删除最近创建的顶点，连续操作可以不断删除线段，这与按 Esc 键效果相同。若按 Shift 键，则可按水平、垂直或 45° 方向进行选取，如图 3-7 所示。

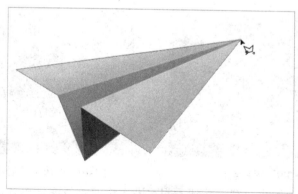

图 3-7 使用多边形套索工具创建选区

3. 磁性套索工具

磁性套索工具可以在图像中选取出不规则的、图像颜色与背景有较大反差的区域。选择该工具后，在图像窗口单击确定起点，然后沿着图像区域边缘拖动，回到起点附近，在鼠标指针旁边同样会出现一个圆圈符号，单击或按回车键结束选取操作，如图 3-8 所示。同样，在选取过程中，按 Delete 键可以删除最近创建的顶点。

图 3-8　使用磁性套索工具创建选区

磁性套索工具选项栏中增加了几个参数：宽度、边对比度和频率。若将套索宽度的值设的较小，同时把边对比度和频率的值设的较大，这样创建的选区比较准确；反之，创建的选区误差比较大。

3.1.3　使用快速蒙版创建选区

快速蒙版是一种临时蒙版，用于快速创建和编辑选区。在这里以一个具体的实例讲解使用快速蒙版创建选区的方法：

(1) 打开一幅图片，如图 3-9 所示。

(2) 选择魔棒工具，在选项栏中设置容差值为 20，并按下 Shift 键连续单击图片的背景，创建选区，如图 3-10 所示。

图 3-9　图片素材　　　　　　　图 3-10　魔棒工具创建选区

(3) 单击工具箱中的快速蒙版按钮 ▣ ，进入快速蒙版编辑模式，在该模式下系统默认未被选择的区域蒙上一层透明度 50% 的红色，指示为非选择区域。可以双击快速蒙版按钮来更改色彩指示的区域和颜色。

(4) 在快速蒙版编辑模式下，可以使用绘图工具来编辑选区，将前景颜色设为白色，

然后使用画笔工具 ，在图像窗口拖动，去除该区域的红色，结果如图 3-11 所示。在编辑快速蒙版时，要注意前景色和背景色的颜色，当前景色为黑色时，使用画笔工具涂抹，会在蒙版上添加颜色；当前景色为白色时，涂抹时会清除色彩指示区域的颜色。

图 3-11　编辑选区

（5）蒙版编辑完成后，单击工具箱标准编辑模式按钮，返回标准编辑模式。然后按 Ctrl + Shift + I 组合键反选选区，得到图像的选区，如图 3-12 所示。

图 3-12　创建选区

3.2　魔　术　棒

使用魔术棒工具时，只需在颜色相近区域单击即可。

使用魔术棒工具时，可以通过其工具属性栏来控制选取的范围大小，如图 3-13 所示。

图 3-13　魔术棒工具属性栏

属性栏中各项的含义如下。

（1）容差：参数值大小用来确定选取的颜色范围。其数值范围为 0～255。其值越小，选取范围的颜色与鼠标单击处的颜色越接近，同时选取的范围也越小；反之，选取的区域范围就越大，如图 3-14 所示。

(a) 容差值 = 20   (b) 容差值 = 100

图 3-14   不同容差值的选取结果

(2) 消除锯齿：选择该选项可消除选区的锯齿边缘。

(3) 连续：选中该选项，在创建选区时仅选择位置邻近且颜色相近的区域；反之，会将整个图层中所有颜色相近的区域选择，无论是否连续。

(4) 对所有图层取样：选中该选项，将在所有可见图层中应用颜色选择。

3.3 图 像 修 复

3.3.1 修复画笔工具

修复画笔工具组中包含污点修复画笔工具 、修复画笔工具 、修补工具 、内容感知移动工具 、红眼工具 。修复画笔工具组是通过匹配样本图像和原图图像的形状、光照及纹理，使样本像素和周围像素相融合，从而达到自然、无痕的修复效果。

1. 污点修复画笔工具

污点修复画笔工具 可用来快速除去照片中的污点和其他不理想部分。污点修复画笔的工作方式与修复画笔类似，它是用图像或图案中的样本像素进行修复，并将样本像素的纹理、光照、透明度和阴影与原像素进行匹配。但是，与修复画笔不同，污点修复画笔不要求指定样本点。污点修复画笔将自动从所修饰区域的周围取样。在"工具箱"中选择"污点修复画笔工具"后，属性栏会变成该工具对应的属性选项，如图 3-15 所示。

图 3-15   污点修复画笔工具属性栏

属性栏中各项的含义如下。

(1) 模式：用来设置修复时的混合模式。当选择"正常"选项时，画笔经过的区域会自动以笔触周围的像素纹理与之相混合；当选择"替换"选项时，可以保留画笔描边边缘处的杂色、胶片颗粒和纹理。

(2) 近似匹配：选择该选项，可使用选区边缘周围的像素来查找要用作选定区域修补的图。

(3) 创建纹理：使用选区中的所有像素创建一个用于修复该区域的纹理。

(4) 内容识别：该选项为智能修复功能，使用工具在图像中涂抹时，鼠标经过的位置，系统会自动使用画笔周围的像素将经过的位置进行填充修复。

(5) 对所有图层取样：选中该复选框，可从所有可见图层中对数据进行取样。取消选择，则只对当前图层取样。

2. 修复画笔工具

利用修复画笔工具 ![图标] 可以轻松地消除图片中的尘埃、划痕、脏点和褶皱等瑕疵，同时可以保留图案和纹理等效果。除了可以在同一图像中进行修补复制以外，还可以在不同的图像文件之间进行复制。另外，使用修复画笔工具 ![图标] 可以利用图像或图案中的样本像素来绘画，可将样本像素的纹理、光照、透明度和阴影与所修复的像素进行匹配，从而使修复后的图像很自然地融入图像的其余部分。

在"工具箱"中选择"修复画笔工具"后，属性栏会变成该工具对应的属性选项，如图 3-16 所示。属性栏中各项的含义如下。

(1) 模式：用来选择复制或填充的像素与底图的混合模式。

(2) 源：用于选择修复像素的来源，其中有两个选项。

(3) 取样：选中该复选框，可以利用图像中的取样进行修复。

(4) 图案：选中该复选框，可以选择图案弹出式调板中的图案对图像进行修复。

(5) 对齐：勾选该项后，只能用一个固定位置的同一个图像来修复。

图 3-16　修复画笔工具属性栏

3. 修补工具

使用修补工具 ![图标] 可以选择图像的其他区域或图案来修补当前选中的区域。修补工具与修复画笔的类似之处是修复的同时保留图像原来的纹理、亮度以及层次等信息。但与修复画笔工具不同的是修补工具要先建立选区，然后再用拖动选区的方法来修补图像。

在"工具箱"中选择"修补工具"后，属性栏会变成该工具对应的属性选项，如图 3-17 所示。

图 3-17　修补工具属性栏

属性栏中各项的含义如下。

(1) 源：选中该选项，修补工具所建立的选区为要修补的区域。

(2) 目标：选中该选项，修补工具所建立的选区为要取样的区域。

(3) 透明：选中该复选框，可以使修补的图像与原图像产生透明的叠加效果。

(4) 使用图案：点击该按钮，可以利用从图案弹出式菜单调板中选中的图案来填充建立的选区。

4. 内容感知移动工具

利用 Photoshop CS6 的全新"内容感知移动工具" ![图标] 可以简单到只需选择照片场景中的某个物体，然后将其移动到其他需要的位置就可以实现复制，复制后的边缘会自动柔化处理，跟周围环境融合，经过 Photoshop CS6 的计算，便可以完成极其真实的合成效果，如图 3-18 所示。

(a) 原图效果　　　　　　　　　　　(b) 使用内容感知移动工具移动人物效果

图 3-18　内容感知移动工具使用效果

5. 红眼工具

红眼工具 可以移出由于闪光灯拍摄造成的人物照片中的红眼，也可以移去由闪光灯拍摄造成的动物照片中的白色或绿色的反光。红眼工具属性栏如图 3-19 所示。

图 3-19　红眼工具属性栏

属性栏中各项的含义如下。

(1) 瞳孔大小：设置瞳孔(眼睛暗色的中心)的大小。

(2) 变暗量：设置瞳孔的暗度。

3.3.2　仿制图章和图案图章工具

1. 仿制图章工具

使用仿制图章工具 可以准确地复制图像的一部分或全部，从而产生某个部分或全部的复制，它可以有效地弥补图像的不足之处，是修补图像常用的工具。

1) 仿制图章工具属性栏

在"工具箱"中选择"仿制图章工具"后，属性栏会变成该工具对应的属性选项，如图 3-20 所示。

图 3-20　仿制图章工具属性栏

属性栏中各项的含义如下。

(1) 画笔：该选项用来选择作用区域的大小、形状和边缘软硬程度。

(2) 模式：用于设置复制图像与原图像混合的方式。

(3) 对齐：选中该选项，鼠标未完成一次拖动后松开鼠标，当前的取样位置不会丢失，下次拖动时，仍然能将没有复制完成的图像复制完成并且不会错位；若没有选中该选项，则每开始一次新的拖动时，复制的图形都是从按住 Alt 键取样的位置开始复制。

2) 仿制图章工具的使用

(1) 在工具栏中选择仿制图章工具，在其选项栏中选择一个大小及软硬合适的画笔。

(2) 指定混合模式、不透明度和流量。

(3) 按住键盘上的 Alt 键，在要取样的地方单击鼠标，确定取样点。

(4) 将鼠标移到图像中另一个位置或另一幅图像中，按住左键并拖动，原取样点(在图像中显示为"+")的位置发生变化，同时不断地把取样位置的图像像素复制下来，如图 3-21 所示。

(a) 原图效果

(b) 使用仿制图章工具效果

图 3-21　仿制图章工具效果

2. 图案图章工具

使用图案图章工具 ，可以利用从图案库中选择的图案，或者自己创建的图案进行绘画。

1) 图案图章工具属性栏

在工具箱中单击"图案图章工具"按钮，属性栏如图 3-22 所示。

图 3-22　图案图章工具属性栏

属性栏中各项的含义如下。

(1) 图案：可在弹出式菜单中选择预设好的图案，也可以使用自定义的图案。

(2) 对齐：该选项的功能和仿制图章工具属性栏中的对齐的作用相类似，都是确保多次松开鼠标左键后再次复制时，复制的图像不发生错位。

(3) 印象派效果：选中该选项，可以在绘制图案时添加印象派画的艺术效果。

创建自定义的图案步骤如下：

(1) 打开一幅要定义图案的图像，如图 3-23 所示。

图 3-23　打开图像素材

　　(2) 在工具栏中选择"矩形选框"工具，在图像中拖曳一个未羽化边缘的区域，如图 3-24 所示。

图 3-24　框选图案

　　(3) 选择"编辑"→"定义图案"菜单命令，在弹出的"图案名称"对话框中，输入该图案名称，单击"确定"按钮，即可将选区内的图像定义成图案，如图 3-25 所示，该图案便可出现在选项栏的图案的弹出式调板中。

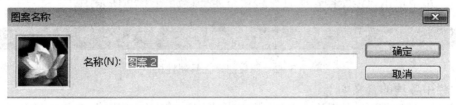

图 3-25　定义图案对话框

　　(4) 在图案弹出的调板中，选择定义好的图案，选择图案图章工具在画面上绘制，即可得到图 3-26 所示的效果。

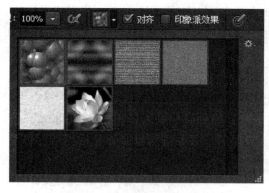

(a) 设置图案图章工具　　　　　　　　　　(b) 绘制效果

图 3-26　图案图章工具效果

3.4　绘　图　工　具

3.4.1　画笔工具

画笔工具是一种十分常用的绘图工具，使用画笔工具时，只要指定一种前景色，设置好画笔的属性，然后用鼠标在图像上直接绘制即可。在工具箱中单击"画笔工具"按钮，属性栏如图 3-27 所示。

图 3-27　画笔工具属性栏

画笔工具属性栏中各选项含义如下。

(1) 画笔：在此下拉列表中选择合适的画笔大小。

(2) 模式：用来设置组合画笔和图案的混合模式。

(3) 不透明度：设置绘图颜色的不透明度，数值越大，绘制的效果越明显；反之，则越不明显。

(4) 流量：设置拖动光标一次得到图像的清晰度，数值越大，越不清晰。

(5) 喷枪工具：单击此图标，将画笔工具设置为喷枪工具，在此状态下得到的画笔边缘更柔和，而且如果在图像中单击并按住鼠标不放，前景色将在此点淤积，直至释放鼠标。

1. 画笔预设

选择"窗口"→"画笔"命令，或按 F5 快捷键，会弹出如图 3-28 所示的画笔调板。通过对画笔调板参数的设置，能灵活地使用画笔绘制出丰富、自然的效果。

选择画笔预设选项，在画笔调板右侧的画笔形状列表框中单击，可以选择所需要的画笔形状。

选择画笔预设选项后，画笔调板会显示当前画笔预设组中的画笔笔触。这里相当于所有画笔的一个控制台,选择一种画笔可以通过画笔调板下方的预览区观看画笔描边的效果,拖动画笔形状列表框下面的"直径"滑块,还可以直观地调节画笔的直径大小,也可以在右边的直径数值框内精确地设置直径大小。

2. 画笔笔尖形状

选择画笔笔尖形状选项后,画笔调板显示为如图 3-28 所示的状态。

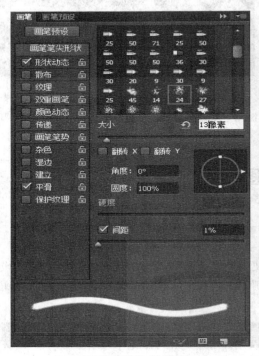

(a) 画笔笔尖设置 50 像素   (b) 画笔笔尖设置 13 像素

图 3-28　画笔工具属性栏

画笔属性栏中各项的含义如下。

(1) 直径:在该数值框中输入数值或调节滑块,可以设置画笔的大小。其值范围介于 1～2500 之间。当使用的样本画笔的大小与原始尺寸不一样时,可以单击"使用取样大小"按钮,将样本画笔的直径复位到其原始大小。

(2) 翻转 X:选中该项后,画笔方向将做水平翻转。

(3) 翻转 Y:选中该项后,画笔方向将做垂直翻转。

(4) 角度:对椭圆和样本画笔进行旋转,用于定义画笔长轴的倾斜角度,也就是偏离水平的距离。可以直接输入角度或用鼠标拖拉右侧预览图中的水平轴来改变倾斜的角度。这个选项对圆形画笔没有任何影响。

(5) 圆度:表示椭圆短轴与长轴的比例关系,修改这个值将会在垂直方向上压缩画笔。可以直接输入一个百分比数值,也可以用鼠标拖拉右侧预览图中的垂直轴来改变其圆度。圆度为 100%时表示一个圆形或样本画笔原型的画笔;圆度为 0%时表示一个线性的画笔。

(6) 硬度:对于各种绘图工具(铅笔工具除外)来说,硬度决定所画线条边缘的柔化程度。硬度为 0%时,表示边缘的虚化由画笔中心开始,而硬度为 100%则表示画笔边缘没有虚化。

这个选项只对圆画笔有效。

（7）间距：在该数值框中输入数值或拖动滑块，可以设置绘图时组成线段的两点距离，距离越大，间距越大。

3. 形状动态

选择形状动态选项后，画笔调板显示为图 3-29 所示的状态。

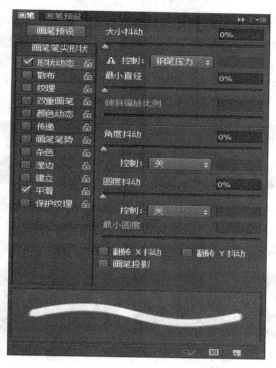

图 3-29　画笔调板的形状动态参数设置

其中各参数含义如下。

（1）大小抖动：控制画笔在绘制过程中尺寸的波动幅度，数值越大，波动的幅度越大，如图 3-30 所示。

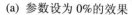

(a)　参数设为 0% 的效果　　　　　　　　　　(b)　参数设为 68% 的效果

图 3-30　大小抖动参数设置

（2）控制：在该下拉列表中包括"关"、"渐隐"、"钢笔压力"、"光笔轮" 4 个选项，它们可以控制画笔的波动方式。其中，"渐隐"参数选项使用最为频繁，控制中的"渐隐"选项用来定义在制定的步数内初始的直径和最小直径之间的过渡，每一步相当于画笔的一个标记点，其数值范围在 1~9999 之间。图 3-31 表示不同的"渐隐"值所画出的图形的不同效果。

(a) 渐隐参数设为 7 的效果   (b) 渐隐参数设为 11 的效果

图 3-31　渐隐参数设置

(3) 最小直径：指当启用"大小抖动"或"控制"选项时画笔笔尖可以缩放的最小百分比。可通过输入数值或拖动滑块来改变百分比。数值越大，变化越小。

(4) 倾斜缩放比例：在"控制"下拉菜单中选择"钢笔斜度"后此项才可以使用，可通过输入数值或拖动滑块来改变百分比。

(5) 角度抖动：在下拉菜单中可以设置角度的动态控制，如图 3-32 所示。

(a) 角度抖动参数设为 11% 的效果   (b) 角度抖动参数设为 29% 的效果

图 3-32　角度抖动参数设置

(6) 圆度抖动控制：在下拉菜单中可以设置画笔笔尖圆度的变化，如图 3-33 所示。

(a) 圆度抖动为 0   (b) 圆度抖动为 55

图 3-33　圆度抖动参数设置

(7) 钢笔压力、钢笔斜度、光轮笔和旋转：基于钢笔压力、钢笔斜度、钢笔拇指轮位置或钢笔的旋转在 100% 和"最小圆度"值之间改变画笔笔尖圆度。这几项只有安装了数位板或感压笔时才可以产生效果。

(8) 最小圆度：用来设置启用"圆度抖动"或"圆度控制"时画笔笔尖的最小圆度。

4. 散布

选择散布选项后，画笔调板显示为如图 3-34 所示的状态。其中各参数含义如下。

(1) 散布：此参数控制使用绘制的画笔的偏离程度，百分比数值越大，偏离的程度越大。

(2) 两轴：用来指定线条中画笔标记点的分布情况，这个设置将改变各标记点的位置。当选中两轴时，画笔标记点呈放射状分布；当不选择两轴时，画笔标记点的分布和画笔绘制线条的方向垂直。

(3) 数量：用来指定每个空间间隔中画笔标记点的数量。

(4) 数量抖动：用来指定每个空间间隔中画笔标记点的数量变化，形成不均匀的自然效果。

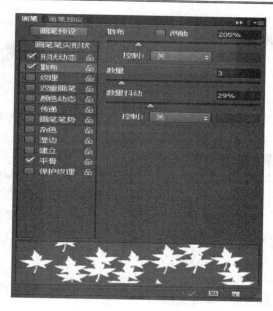

图 3-34　散布参数设置

5. 纹理

Photoshop 中为画笔设置了多种纹理效果,用户可以根据自己的需要自定义新的纹理图案。使用一个纹理化的画笔,就好像使用画笔在各种有纹理的亚麻布上作画一样。纹理设置还能够根据指定的纹理改变画笔的不透明度等。

选择该选项后,画笔调板显示为如图 3-35 所示的状态。

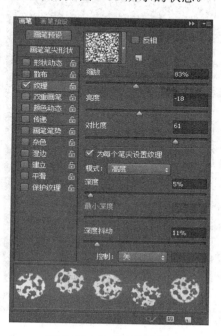

图 3-35　纹理参数设置

其中各参数含义如下。

(1) 选择纹理：在调板中单击纹理缩览图右边的三角形按钮，可弹出图案选项板。单击下拉图案列表中的任意图案，就会将该图案的纹理添加到画笔笔尖上；勾选右边的"反相"复选框，可以将图案纹理反转。

(2) 缩放：用来控制每个笔尖中添加图案的缩放比例。

(3) 为每个笔尖设置纹理：勾选此复选框后，可以在绘画时分别渲染每个笔尖。此时调板中的"最小深度"和"最深抖动"选项才被激活。

(4) 模式：用来设置组合画笔和图案的混合模式。

(5) 深度：指定油彩渗入纹理中的深度。如果深度为100%，则纹理中的暗点不接收任何油彩；如果深度为0，则纹理中的所有点都接收相同数量的油彩，从而隐藏图案。

(6) 最小深度：当"控制"设置为"渐隐"、"钢笔压力"、"钢笔斜度"、"光笔轮"或"旋转"时，油彩可渗入的最小深度。

(7) 深度抖动：用来设置纹理抖动的百分比。

(8) 控制：在下拉菜单中可以选择改变画笔笔尖深度的方式。

① 关：不控制画笔笔尖的深度变化。

② 渐隐：可按指定数量的步长将画笔笔尖的散布从最大散布渐隐到无散布。

6. 双重画笔

选择双重画笔选项，允许一次用两种笔尖效果来创建画笔，绘制时它只会显示出两种画笔互相重叠的部分。

选择该选项后，画笔调板显示为如图 3-36 所示的状态。

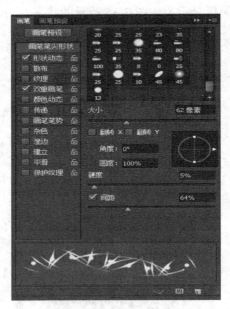

图 3-36　双重画笔参数设置

其中各参数含义如下。

(1) 模式：指定原始画笔和第 2 个画笔的混合方式。可以在下面的画笔预览框中选择一种笔尖作为第 2 个画笔。

(2) 直径：控制第 2 个画笔笔尖的大小，拖拉滑块或直接输入数字均可改变其大小，单击"使用取样大小"可回到初始直径。

(3) 间距：控制第 2 个画笔在所画线条中标记点之间的距离。

(4) 散布：控制第 2 个画笔在所画线条中的分布情况。

(5) 数量：指定每个空间间隔中第 2 个标记点的数量。

7. 颜色动态

颜色动态用来决定在绘制线条的过程中颜色的动态变化情况。选择颜色动态选项时的画笔调板中各参数含义如下。

(1) 前景/背景抖动：用于控制所绘制的线条在前景色和背景色之间的动态变化。数值越大，越接近背景色；数值越小，越接近前景色。

(2) 色相(饱和度、亮度)抖动：用于控制画笔色相(饱和度、亮度)的随机效果，数值越大，越接近背景色色相(饱和度、亮度)；数值越小，越接近前景色色相(饱和度、亮度)。

(3) 纯度：用于控制颜色的纯度。

8. 传递

传递选项可以用来设置绘画笔迹的不透明度和流量变化。在画笔调板左侧单击"传递"选项后，调板中会出现其他动态对应的参数，含义如下。

(1) 不透明度抖动：用来设置绘制时画笔笔迹油彩的不透明度的变化程度。

(2) 流量抖动：用来设置绘制时画笔笔迹油彩流量的变化程度。

9. 杂色

选中该选项后，画笔边缘越柔和，杂色效果就越明显，也就是当画笔"硬度"数值为 0%时杂色效果最明显，"硬度"数值为 100%时杂色效果最不明显。

10. 湿边

该选项可以沿画笔描边的边缘增大油彩量，从而创建水彩效果。

11. 喷枪

选择该选项后，画笔将模拟传统的喷枪，使图像有渐变色调的效果。与在画笔工具选项上选中的喷枪按钮的作用是相同的。

12. 平滑

选择该选项将使绘制的线条曲线更流畅。

13. 保护纹理

选择该选项将对所有的画笔执行相同比例的纹理图案的缩放。选中该选项后，当使用多个画笔时，可模拟出一致的画布纹理效果。

14. 创建自定义画笔

除了编辑画笔的形状外，用户还可以自定义画笔图案，方法简单方便，只要利用选区将要定义为画笔的区域选中，便能创建更丰富的画笔效果。Photoshop 可以将任意一种图像定义为画笔。具体操作步骤如下：

(1) 打开一个图像文件,将需要定义为画笔的内容选择为一个选区,如图 3-37 所示。

图 3-37　图像素材

(2) 选择"编辑"→"定义画笔预设"菜单命令,在弹出的"画笔名称"对话框中输入画笔名称,如图 3-38 所示,单击"确定"按钮完成画笔定义。

图 3-38　画笔预设命令对话框

打开画笔调板就可以看到刚定义的画笔如图 3-39 所示。

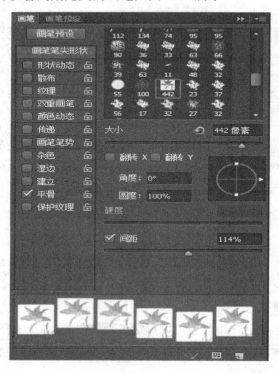

图 3-39　完成自定义画笔并预览

3.4.2　铅笔工具

铅笔工具只能绘制硬边的线条，其属性栏如图 3-40 所示。

图 3-40　铅笔工具属性栏

一般情况下铅笔工具将以前景色绘制图形。铅笔工具属性栏比画笔工具属性栏多了一个"自动抹除"选项，选中此选项后，如果铅笔线条的起点是工具箱中的前景色，则铅笔工具和橡皮擦工具相似，会将前景色擦除至背景色；如果铅笔线条的起点处是工具箱中的背景色，则铅笔工具会和绘图工具一样使用前景色绘图；铅笔线条起始点的颜色与前景色和背景色都不同时，铅笔工具也使用前景色绘图。

3.4.3　颜色替换工具

颜色替换工具是专门针对颜色进行修改的工具，可以用工具箱中的前景色替换图像中的颜色，即使用替换颜色在目标颜色上绘画。

颜色替换工具属性栏如图 3-41 所示。

图 3-41　颜色替换工具属性栏

颜色替换工具属性栏中各项的含义如下。

(1) 模式：用来选择替换颜色的模式，通常情况下选用颜色选项。

(2) 背景颜色：选中该选项，只替换包含当前背景色的区域的颜色。

(3) 限制：用来限制替换颜色的范围。其中"不连续"用于替换出现在指针下任何位置的样本颜色；"邻近"用于替换与紧挨指针下的颜色邻近的颜色；"查找边缘"用于替换包含鼠标落点颜色的相邻区域，同时更好地保留形状边缘的锐化程度。

(4) 容差：用于设置被替换颜色与鼠标单击颜色的相似度。百分比值小，可以替换与鼠标单击处像素非常相似的颜色，反之，则可以替换范围更广的颜色。

(5) 消除锯齿：选中该复选框，能够使替代区域边缘平滑。

3.4.4　历史记录画笔工具组

历史画笔工具组包括历史记录画笔和历史记录艺术画笔，如图 3-42 所示，它们的主要功能是在图像中将新绘制的部分恢复到"历史调板"中标有"恢复点"的画面。

图 3-42　历史记录画笔工具组

1．历史记录画笔工具

历史记录画笔工具是用来记录图像中的每一步操作的。历史记录画笔工具属性栏如图 3-43 所示。

图 3-43　历史记录画笔工具属性栏

历史记录画笔工具一般配合历史记录调板一起使用。它可以通过在历史记录调板中定位某一步操作，而把图像在处理过程中的某一状态复制到当前层中。

2．历史记录艺术画笔工具

历史记录艺术画笔工具的使用方法与历史记录画笔工具基本相同，区别在于使用此工具进行绘图时，可选一种笔触画出颇具艺术风格的效果，历史记录艺术画笔工具属性栏如图 3-44 所示。其中"区域"用于调整历史记录艺术画笔工具所影响的范围，其数值越大，影响的范围越大。

图 3-44　历史记录艺术画笔工具属性栏

3.5　橡　皮　擦

Photoshop "擦除"工具包括橡皮擦工具、背景橡皮擦工具和魔术橡皮擦工具。它们都属于同一个工具组，都具有擦除图像局部或全部的功能。根据要擦除的内容不同可以选择相应的擦除工具，如图 3-45 所示。

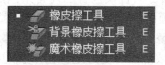

图 3-45　橡皮擦工具组

3.5.1　橡皮擦工具

使用橡皮擦工具可将背景图层和普通图层中透明选项被锁定的图像擦除成背景色，或者将普通图层中的图像擦除成透明色，并可将图像还原到历史记录调板图像的任何状态。

橡皮擦工具的属性栏如图 3-46 所示。

图 3-46　橡皮擦工具属性栏

橡皮擦工具属性栏中主要选项的含义如下。

(1) 画笔：在画笔选项下拉列表框中选择橡皮擦的形状和大小。

(2) 模式：用来选择擦除的笔触方式。

(3) 启用喷枪样式的建立效果：该按钮用来设置具有喷绘效果的橡皮擦。

(4) 抹到历史记录：选择该复选框，可将擦除的图像恢复到历史记录点的状态。

3.5.2　背景橡皮擦工具

拖动该工具，可将背景图层和普通图层的图像都擦除成透明色。而且当应用于背景图层时，背景图层会自动转换成普通图层。

其工具属性栏如图 3-47 所示。

图 3-47　背景橡皮擦工具属性栏

背景橡皮擦工具属性栏中主要选项的含义如下。

(1) 限制：用来设置擦除时的限制条件。在限制下拉列表中包括不连续、连续和查找边缘选项。

① 不连续：可以在选定的色彩范围内多次重复擦除。

② 连续：在选定的色彩范围内只可以擦除一次，也就是说必须在选定颜色后连续擦除。

③ 查找边缘：擦除图像时可以更好地保留图像边缘的锐化程度。

(2) 容差：通过输入值或拖动滑块来设置图像中要擦除颜色的范围。容差值越大，擦除颜色的范围就越大。容差值越小，擦除颜色的范围就越小。

(3) 保护前景色：选中该选项，可以防止与工具箱中的前景色相匹配的区域被涂抹。

(4) 背景色板：只能抹除与当前背景色相同的颜色。

3.5.3　魔术橡皮擦工具

魔术橡皮擦工具实际相当于魔术棒工具和橡皮擦工具的结合，选中魔术橡皮擦工具在图层中单击时该工具会自动更改所有与鼠标落点颜色相似的像素。在工具箱中选取魔术橡皮擦工具按钮，其属性栏如图 3-48 所示。

图 3-48　魔术橡皮擦工具属性栏

魔术橡皮擦工具属性栏中各项的含义如下。

(1) 容差：用来设置可抹除的颜色范围。容差值越大，擦除的颜色范围越广，容差值越小，将只擦除颜色值范围内与取样颜色非常相似的像素。

(2) 消除锯齿：用于消除擦除边缘的锯齿。

(3) 连续：选中该选项，可以擦除与鼠标落点颜色相近且位置相连的像素。如果不选择该选项，能擦除所有与鼠标落点颜色相同或相近的像素。

(4) 对所有图层取样：选中该复选框，能使魔术橡皮擦工具应用于所有图层。

(5) 不透明度：设置数值或拖动滑块可改变擦除效果的不透明。

图 3-49 所示是使用魔术橡皮擦工具快速清除图像的背景效果。

(a) 原图效果　　　　　　　　　　　　(b) 使用魔术橡皮擦擦除效果

图 3-49　使用魔术橡皮擦工具效果

3.6　油漆桶与渐变填充工具

3.6.1　油漆桶工具

油漆桶工具是最常用的颜色填充工具，它可以为选区和图层中鼠标落点颜色相近区域填充颜色，如图 3-49 所示。

1

(a) 原图效果　　　　　　　　　　　　(b) 填充颜色效果

图 3-50　油漆桶填充颜色效果

工具栏中单击"油漆桶"工具按钮，其属性栏如图 3-51 所示。

图 3-51　油漆桶工具属性栏

油漆桶工具属性栏中各项的含义如下。

(1) 填充：用于为图层、选区或图像选取填充类型，包括前景和图案。

(2) 前景：填充时会以前景色进行填充，与"工具箱"中的前景色保持一致。

(3) 图案：选择图案选项，其后的图案下拉列表框被激活，并以图案的方式进行填充。

(4) 模式：用来选择填充的各种混合模式。

(5) 不透明度：设置填充的不透明度。

(6) 容差：用来设定色差的范围，取值范围是 1～255，通常以单击鼠标处填充点的颜色为基础，数值越大，容差越大，填充的区域就越大。

(7) 消除锯齿：用于平滑选区的填充边缘。

(8) 连续的：可选择只填充与鼠标落点像素邻近的像素，不填充图像中的所有相似像素。

(9) 所有图层：选择该复选框，可填充所有可见图层。如未选择，填充时只对当前图层有效。

3.6.2　渐变工具

1. 渐变工具组

渐变工具组包括线性渐变、径向渐变、角度渐变、对称渐变和菱形渐变，如图 3-52 所示。

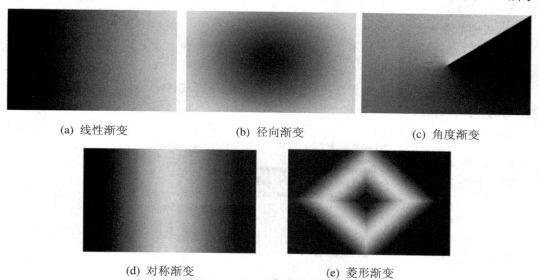

(a) 线性渐变　　　　　　(b) 径向渐变　　　　　　(c) 角度渐变

(d) 对称渐变　　　　　　(e) 菱形渐变

图 3-52　各种渐变效果

这些渐变工具用于创建不同颜色间的混合过渡渐变效果。渐变工具的属性栏如图 3-53 所示。

图 3-53　渐变工具属性栏

渐变工具属性栏中主要选项含义如下。

(1) 线性渐变：在所画直线范围内应用渐变。如果直线长度没有占据整幅图像，Photoshop 将会用纯色(渐变开始和结束所用的颜色)来填充图像的其余部分。

(2) 径向渐变：一种从圆心开始，向外部边缘辐射的渐变。单击的第一点确定圆心位置，释放鼠标按钮的地方确定圆的外边缘。圆外的所有区域都将用纯色(渐变结束时所用的颜色)来填充。

(3) 角度渐变：一种像雷达网一样扫过一个圆的渐变效果。单击第一点确定扫描的中心，鼠标的拖动确定起始角度。

(4) 对称渐变：对称渐变效果类似于两次相对线性渐变所产生的效果。

（5）菱形渐变：由菱形的中心向外渐变。

（6）模式：选择其中的选项可以设置渐变颜色与底图的混合模式。

（7）不透明度：此参数用于设置渐变的不透明度，数值越大，渐变越不透明；反之则越透明。

（8）反向：能反转渐变填充的颜色顺序。

（9）仿色：可以用较小的带宽创建较平滑的混合，选中该选项，可以平滑渐变的过渡色，以防止在输出混合色时出现色带，从而导致渐变过程出现跳跃效果。

（10）透明区域：当渐变样本选择的是透明渐变时，选择该选项可打开透明蒙版，绘图时保持透明添色效果。

2. 创建渐变

1）创建平滑渐变

单击渐变预览图标后面的小三角符号，可以看到弹出式渐变调板，在这个调板中可以选择 Photoshop 预设的颜色组合渐变。

如果在预设的渐变组合中无法找到自己想要的渐变样式，Photoshop 也提供了自定义渐变的功能。操作方法如下：

（1）单击渐变工具选项栏中的渐变预览图标，就会弹出"渐变编辑器"，如图 3-54 所示。

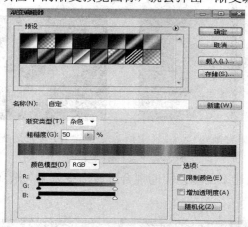

图 3-54   "渐变编辑器"对话框

（2）在预设区域中选择任意一种渐变，以基于该渐变来创建新的渐变。

（3）在渐变类型下拉列表框中选择"实底"选项。

（4）单击渐变条下方左侧或右侧的色标，当色标显示为可编辑状态时，可以通过下面 3 种方法选择颜色：

① 单击色标，弹出"拾色器"对话框，选取颜色后，单击"确定"按钮。

② 将鼠标移到渐变条上，指针变成了 ，单击即可选取图像和渐变条上的颜色。

③ 单击"颜色"选项框右侧的小三角，在弹出的菜单中可选择当前工具的前景色及背景色和用户颜色。

2）创建杂色渐变

除了创建平滑渐变外，"渐变编辑器"中还允许定义新的杂色渐变。杂色渐变包含了在用户所指定的颜色范围内随机分布的颜色。操作方法具体如下：

（1）在"渐变编辑器"对话框中，单击"渐变类型"右侧的小三角，在弹出式菜单中选取"杂色"选项，"渐变编辑器"会出现杂色渐变的参数，如图 3-55 所示。

（2）"粗糙度"是用来设置杂色渐变的杂色数量，不同的粗糙度值的渐变效果如图 3-56 所示。

（3）在"颜色模式"的弹出式菜单中有 RGB、HSB 和 LAB 3 种颜色模式，选择不同的颜色模式后，下面会出现相应的颜色滑块，通过调节滑块可控制杂色渐变中各颜色的含量。

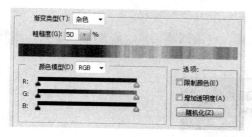

图 3-55 杂色渐变的参数

粗糙度为0

粗糙度为55

图 3-56 不同粗糙度产生的不同效果

（4）设置杂色渐变选项。

① 限制颜色：该选项可防止颜色过于饱和。

② 增加透明度：该选项可向当前渐变添加透明杂色。

③ 随机化：单击该按钮，可以随机设置渐变颜色。

3.7 路 径 工 具

3.7.1 路径的基本概念

路径是由一些点、直线段和曲线段组成的矢量对象，俗称"贝赛尔曲线"。路径可以是开放的，也可以是封闭的。

路径主要由两种元素组成：锚点和控制手柄，如图 3-57 所示。

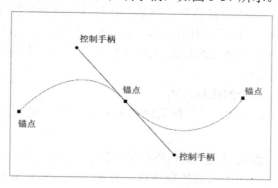

图 3-57 路径的组成元素

（1）锚点：或称为节点，定义了每条路径段的起点和终点，用于固定路径。被选中的锚点用黑色的小方块来标记，未被选中的锚点为空心的小方块。锚点还包括平滑点和角点。

(2) 控制手柄：在曲线段上每个选中的锚点两旁显示的一条或两条虚拟线段即为控制手柄。

锚点和控制手柄的位置决定曲线段的大小和形状。

在 Photoshop 中，路径的创建和编辑由路径工具来完成。路径工具包括 3 组：路径工具、形状工具和路径选择工具。

3.7.2 路径工具组

在 Photoshop 中，路径工具组包括钢笔工具、自由钢笔工具、添加锚点工具、删除锚点工具以及转换点工具，如图 3-58 所示。

图 3-58 路径工具组

1. 钢笔工具

钢笔工具是基本的路径绘制工具，用于创建或编辑直线、曲线或自由线条的路径。

1) 钢笔工具属性栏

选中钢笔工具后，在屏幕的右上侧便会弹出钢笔工具属性栏，如图 3-59 所示。

图 3-59 钢笔工具属性栏

钢笔工具属性栏主要选项的含义如下：

(1) 样式类型：包括形状、路径、像素。每个选项所对应的工具选项也不同(选择矩形工具后，像素选项才可使用)。

(2) 自动添加/删除：选中该复选框，钢笔工具就具有增加和删除锚点的功能。

(3) 绘制模式：其用法与选区相同，可以实现路径的相加、相减和相交等运算。

(4) 对齐方式：可以设置路径的对齐方式(文档中有两条以上的路径被选择的情况下可用)，与文字的对齐方式类似。

(5) 排列顺序：设置路径的排列方式。

(6) 对齐边缘：将矢量形状边缘与像素网格对齐(选择"形状"选项时，对齐边缘可用)。

2) 绘制方法

(1) 选中钢笔工具，确认钢笔工具属性栏中"路径"按钮被按下。

(2) 将钢笔工具放在画布中需要绘制曲线的开始点上，按住并拖动鼠标，此时钢笔工具变成箭头的图标，拖拉出的方向线随着鼠标的移动而改变。拖拉出合适的方向线后释放鼠标，可以形成第一个曲线锚点，如图 3-60 所示。

(3) 将钢笔工具移动到画布的其他位置并按下鼠标，用同样的方法，单击、拖拉鼠标调整方向线的长度与方向，两个锚点之间便创建了一段曲线，如图 3-61 所示。

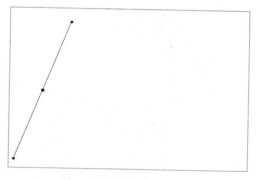

图 3-60　绘制曲线的第一个锚点

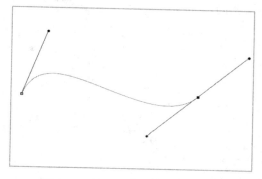

图 3-61　绘制曲线的第二个锚点

如果想要修改一个锚点的方向线的方向，可以将鼠标放在该锚点方向线的方向点上，按住 Alt 键(鼠标指针变为 ↖)，同时拖动鼠标调整方向即可，释放 Alt 键后，可以继续绘制曲线。

2. 修改锚点

在 Photoshop 中，可以在任意路径上添加或删除锚点。在路径上添加锚点，可以更好地控制路径的形状，使路径形状达到理想的效果，而删除路径中不必要的锚点，则可以简化路径，使路径更加平滑流畅。在绘制路径时，路径上的锚点数应该尽可能地少，锚点之间距离也应尽可能地远，以减少路径的复杂度。

1) 添加锚点

首先用选择工具选中需要添加锚点的路径，然后将钢笔工具放到路径上，此时钢笔工具会自动变为添加锚点工具 ，在目标位置处单击，即可在路径指定位置上添加锚点，如图 3-62 所示。

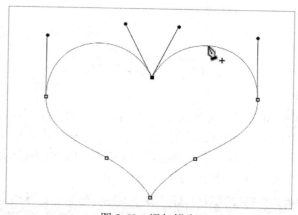

图 3-62　添加锚点

2) 删除锚点

首先用选择工具选中需要删除锚点的路径，然后将钢笔工具放在路径中需要删除的锚点上，此时钢笔工具会自动变为删除锚点工具 ，在目标位置处单击，即可将路径指定锚点删除，如图 3-63 所示。

添加或删除锚点也可以使用工具箱中的添加或删除锚点工具，操作方法和上面介绍的方法相同。

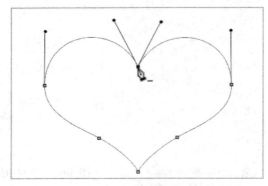

图 3-63　删除锚点

3. 转换锚点

使用工具箱中的转换锚点工具 ⌐，可以将曲线路径上的平滑锚点转换成为角点，或者将角点转换为平滑点。

选择转换锚点工具，如果将它放在路径的角点上，单击并拖拉鼠标，便可以拖曳出两条方向线，角点即变成了平滑锚点；如果将转换锚点工具放到方向线的方向点上，单击就可以将平滑锚点变成角点，如图 3-64 所示。

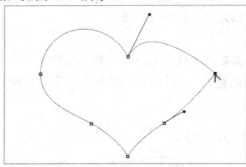

图 3-64　平滑锚点转换成角点

4. 自由钢笔工具

自由钢笔工具 ✐，可以自由随意地绘制路径。在绘图过程中，鼠标经过的地方将自动添加锚点和路径，用户无须确定锚点的位置。在拖动过程中也可以单击鼠标以定位锚点。如果需要结束路径，在结束点双击鼠标或按 Enter 键即可完成路径的绘制。在工具箱中选择自由钢笔工具 ✐，弹出其工具属性栏，如图 3-65 所示。

图 3-65　自由钢笔工具属性栏

在自由钢笔工具属性栏中可以自由切换到钢笔工具，或者选择一些形状工具。

当选中"磁性的"选项框后，自由钢笔工具会变成磁性钢笔工具，鼠标光标变为 ✐。

磁性钢笔工具的使用方法与磁性套索工具相类似，可根据属性栏中的参数设定自动跟踪图像中物体的边缘以形成路径。单击自定义形状左侧的小三角，会弹出"自由钢笔工具选项"对话框，如图 3-66 所示。

图 3-66 "自由钢笔工具选项"对话框

其中"曲线拟合"的数值范围是 0.5～10.0 像素，数值越高，形成的路径就越简单，路径上的锚点就越少；反之则锚点越多，路径与鼠标移动的轨道越接近。

自由钢笔工具对话框中主要选项的含义如下。

(1) 磁性的：选中"磁性的"选项框，自由钢笔工具会变成磁性钢笔工具。

(2) 宽度：数值范围是 1～256 像素，用于定义磁性钢笔工具检索的距离范围。

(3) 对比：百分比的范围是 1%～100%，用于指定像素之间边缘的对比度。数值越高，用于检索对比度越大的图像；反之，则可以检索对比度小的图像。

(4) 频率：数值范围为 0～100，用于设置指定钢笔工具锚点的密度。其值越高，路径锚点的密度就越大。

(5) 钢笔压力：如果使用光笔绘图板，可以选择或取消选择"钢笔压力"。当选择该选项时，钢笔压力的增加将导致宽度减小。

3.7.3 选择路径

选择路径包括路径(整体)选择工具和直接选择工具，主要用于选择整体路径、路径组件或路径段。

1. 路径选择工具

路径选择工具 用于选择一个或几个路径，如果要选择多个路径，可以按住 Shift 键的同时单击目标路径，即可将多个目标路径同时选中。路径选择工具还可以对两个以上的路径进行移动、组合、对齐、平均分布或变形、删除等操作。

如图 3-67 为选中形状后的效果，在锚点为该状态下可以移动该路径。

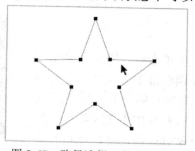

图 3-67 路径选择工具移动形状

在工具箱中选中路径选择工具后，弹出路径选择工具属性栏，如图 3-68 所示。

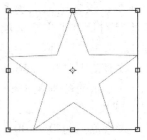

图 3-68　路径选择工具属性栏

利用工具属性栏中的对齐按钮，可以用 6 种方式对两个以上的路径进行对齐操作。执行对齐或分布操作的路径必须在同一路径层中。图 3-69 为星形和椭圆路径执行水平居中、垂直居中之后的效果。

路径创建完成后，还可以根据需要对路径进行变形操作。在工具属性栏中选中"显示定界框"选项后，路径周围会出现 8 个控制点，如图 3-70 所示。出现变形光标后即可拖动鼠标对路径进行变形操作。此时工具属性栏变成图 3-68 所示状态，在选项栏的各选项输入数值可以进行精确的变形操作。

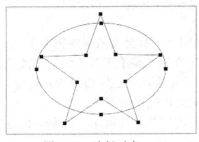

图 3-69　路径对齐

图 3-70　路径变形

2. 直接选择工具

直接选择工具 用于移动路径的部分锚点或线段，或者调整路径的方向点和方向线，而其他未被选中的锚点或路径段则不被改变，如图 3-71 所示。

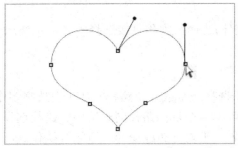

图 3-71　路径变形

3.7.4　路径调板

选择"窗口"→"路径"菜单命令，即可调出路径调板，如图 3-72 所示。在路径调板最下方有一排小图标 从左到右依次为：用前景色填充路径；用画笔描边路径；将路径作为选区载入；从选区生成工作路径；添加矢量蒙版；创建新路径和删除当前路径。这些小图标所代表的选项在路径调板右上角

图 3-72　路径调板

的弹出式菜单中都可以找到，是弹出式菜单中对应功能的快捷方式。使用时只需要选中路径后单击小图标或者将路径拖到图标上就可完成该功能。

1. 路径的存储、复制和删除

1) 存储路径

在路径调板中选择"存储路径"命令，在弹出的对话框中输入路径的名称后，单击"确定"按钮，路径即会存储下来。

2) 删除路径

选中想要删除的路径，在弹出的菜单中选择"删除路径"命令或者直接将路径拖到调板下方的垃圾桶小图标上即可。

3) 复制路径

选中想要复制的路径，在弹出的菜单中选择"复制路径"命令或者直接将路径拖到路径调板下方的"创建新路径"小图标上即可。

4) 更改路径名

双击路径调板中路径名称部分就会弹出输入框，直接输入新的路径名即可。

2. 转换路径与选区

1) 选区转换成路径

如果图像中有选区存在，可以将其定义为封闭的路径。通过选区建立工作路径的方法如下：

在有选区存在时，在弹出的路径调板菜单中选择"建立工作路径"选项，弹出"建立工作路径"对话框，在对话框中可以设置"容差"的像素值。"容差"的取值范围在0.5～10，值越大，转换后的路径锚点越少，路径越粗糙。"容差"参数设置完毕后，单击"确定"按钮，即可将选区转换成路径，如图3-73所示。

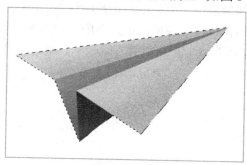

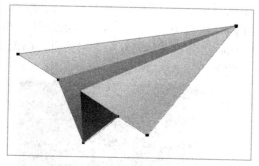

(a) 建立选区　　　　　　　　　　　(b) 选区转换成路径

图3-73　选区转换成路径

同样，也可以单击路径调板下方的"从选区生成路径"按钮 ⬚ ，即可在路径调板中新建一个工作路径。如果希望设置转换时"容差"的像素值，在单击按钮的同时按住 Alt 键，可以调出"建立工作路径"对话框，完成参数设置。

2) 将路径转换成选区

路径绘制完成后，也可以转换成选区，路径转换成选区的操作方法有两种，分别如下：

　　方法一：在路径调板中，将鼠标移动到需要转换的路径上同时按住 **Ctrl** 键，然后单击即可产生选区，如图 3-74 所示。

　　方法二：在路径调板中，选中所需转换的路径，然后选择路径调板弹出菜单中的"建立工作路径"命令，此时会弹出"建立选区"对话框，如图 3-75 所示，按需设置各选项后，单击"确定"即可。

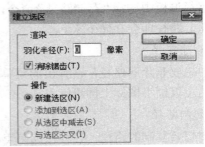

图 3-74　路径转换为选区　　　　　　　图 3-75　"建立选区"对话框

　　对话框各选项含义为如下。

　　(1) 羽化半径：定义羽化边缘在选区边框外的伸展距离，用于控制转换后选区的羽化程度，其取值范围为 0～255。

　　(2) 消除锯齿：选中可以使转换后的选区边缘光滑。

　　(3) 新建选区：选中则表示以新选区取代当前选区或直接建立新选区。

　　(4) 添加到选区：可将由路径定义的区域添加到原选区。

　　(5) 从选区中减去：可以从原选区中删除由路径定义的区域。

　　(6) 与选区交叉：可选择路径和原选区的共有区域。如果路径和选区没有重叠，则不会选择任何内容。

3. 填充路径

　　填充路径是指在图层上使用指定的颜色、图案或模式等来填充路径所包含的范围。

　　在路径调板中，选中所需填充的路径，然后执行路径调板弹出菜单中的"填充路径"命令，此时会弹出"填充路径"对话框，如图 3-76 所示，按需设置各选项后，单击"确定"即可，效果如图 3-77 所示。

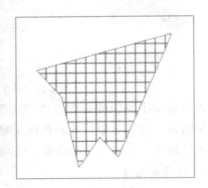

图 3-76　"填充路径"对话框　　　　　　图 3-77　填充路径

同样也可以单击路径调板下方的"用前景色填充路径"按钮 ，即可在不打开"填充路径"对话框的情况下使用前景色完成路径的填充。如果希望设置各项参数，在单击按钮的同时按住 Alt 键，可以调出"填充路径"对话框，完成参数设置。

4. 画笔描边路径

在图像中创建路径后，可以应用"描边路径"命令对路径边缘进行描边。

操作方法如下所示：

(1) 创建如图 7-78 所示的路径。

(2) 选择画笔工具 ，对画笔调板进行参数设置，如图 3-79 所示。

(3) 再直接单击"路径"调板中的"用画笔描边路径"按钮 即可对路径进行描边，效果如图 7-80 所示。

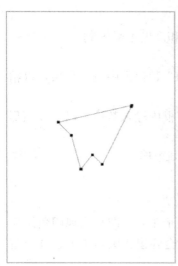
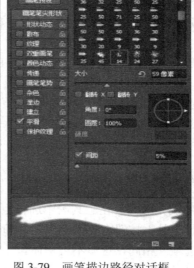

图 3-78　创建路径　　　　　图 3-79　画笔描边路径对话框　　　　　图 3-80　画笔描边路径效果

3.8　形　状　工　具

在 Photoshop 中，形状工具可以非常方便、快捷地创建各种规则的几何形状或路径。可以对形状进行快速选择、调整大小和移动，还可以编辑形状的属性(如描边、填充颜色和样式)。

右键单击工具箱中的矩形工具 ，将打开形状工具组，如图 3-81 所示。

图 3-81　形状工具组

3.8.1 矩形工具

矩形工具可以用来绘制矩形或正方形的路径或形状。在工具箱中选择矩形工具，即会出现矩形工具选项栏，单击"自定义形状工具"按钮 ▣ 右侧的 ⚙，即会弹出"矩形选项"窗口，如图 3-82 所示。

图 3-82　"矩形选项"窗口

该选项栏中各选项含义如下。

(1) 不受约束：选择该选项，可以任意绘制矩形，其宽度和高度不受限制。

(2) 方形：选择该选项，可将形状约束为正方形。

(3) 固定大小：选择该选项后，便可在其后的"W"和"H"数值框中输入数值，以精确定义矩形的宽度和高度。

(4) 比例：选择该选项，便可在其后的"W"和"H"数值框中输入数值，以定义矩形的宽度和高度的比值。

(5) 从中心：选中该选项，将以从中心向外扩展的形式绘制矩形。

3.8.2　圆角矩形工具与椭圆工具

圆角矩形工具 ▣ 用于绘制圆角矩形。在工具箱中选择矩形工具，即会出现圆角矩形工具选项栏，单击"自定义形状工具"按钮右侧的倒三角，即会弹出"圆角矩形选项"窗口，各选项含义与"矩形工具选项"相同，这里不再赘述。

根据圆角矩形选项栏中的"半径"设置的不同(数值在 0～1000 像素)，绘制的圆角矩形的效果也不同，数值越大，圆角矩形的角弧度越大。

椭圆工具 ▣ 可以用来绘制椭圆或正圆。

3.8.3　多边形工具

多边形工具 ▣ 用于绘制多边形。在多边形工具选项栏中单击"自定义形状工具"按钮右侧的倒三角，即会弹出"多边形选项"窗口，如图 3-83 所示。

图 3-83　"多边形选项"窗口

该选项栏中各选项有如下含义。

(1) 半径：用于设定多边形的半径大小。

(2) 平滑拐角：选择该选项，可以用平滑的拐角绘制多边形。

(3) 星形：选中该选项，将绘制星形多边形。

(4) 缩进边依据：在文本框中输入百分比数值，指定星形半径中被点占据的部分。百分比数值越大，所创建的星形的每个角就越尖锐。

(5) 平滑缩进：选中该选项，可以平滑缩进地绘制多边形，如图 3-84 所示。

在多边形工具选项栏右侧的"边"选项的文本输入框中，可以输入多边形的边数，其数值在 3～100。

 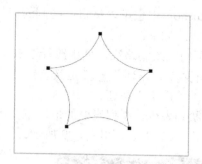

(a) 未选中平滑缩进效果　　　　　　　　　(b) 选中平滑缩进效果

图 3-84　平滑缩进绘制多边形效果

3.8.4　直线工具

直线工具 ![line] 用于绘制直线或带箭头的线段，在直线工具选项栏中单击倒三角，即会弹出"箭头选项"窗口，如图 3-85 所示。

在直线工具选项栏右侧的"粗细"选项的文本输入框中，可以输入直线的宽度像素值，其数值在 1～1000，图 3-86 为根据图 3-85 设置后的效果。

图 3-85　"箭头选项"窗口

图 3-86　箭头设置效果

3.8.5　自定形状工具

自定形状工具 ![shape]，用于绘制一些不规则或自定义的形状。在自定形状工具选项栏中单击"形状"选项后的倒三角，即会弹出如图 3-87 所示的形状列表框。选择其中的一个图形，即可在页面上拖动鼠标形成相应的形状。

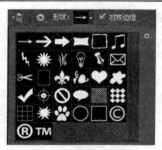

图 3-87　形状列表框

　　在 Photoshop 中也可以将自己绘制的矢量图形保存到自定义形状库中，以便今后重复使用。制作方法如下：

　　(1) 在页面上绘制路径，使用路径选取工具选中绘制好的路径。

　　(2) 选择菜单"编辑"→"定义自定形状"命令，将会弹出"形状名称"对话框，输入名称后单击"确定"按钮。

　　打开形状列表框，在列表框的最后就会出现刚才定义好的形状，如图 3-88 所示。选择定义好的形状，绘制效果如图 3-89 所示。

图 3-88　保存形状后的自定形状列表框

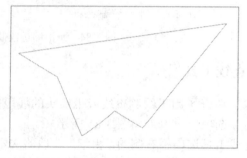

图 3-89　选择定义好的路径并绘制

3.9　文 字 工 具

　　工具箱的文本工具组中提供了横排文字工具 、直排文字工具 、横排文字蒙版工具 和直排文字蒙版工具 ，如图 3-90 所示。

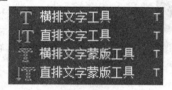

图 3-90　文字工具组

　　根据文字工具用途的不同，文字工具组可分为文字工具和文字蒙版工具。文字工具可以在图像上创建文字。文字蒙版工具可以在图像上创建文字形状的选区，文字选区出现在当前图层中，并可以像其他任何选区一样进行移动、复制、填充或描边。

3.9.1　文字工具组属性栏

文字工具组的属性栏都是一样的，如图 3-91 所示，它可以对文字的字体、字形、大小及颜色等进行设置。

图 3-91　文字工具属性栏

其中主要选项含义如下。

(1) 设置消除锯齿 aa：在下拉菜单中可选择文字边缘的平滑方式。

(2) 创建文字变形 T：在输入文字后，单击该按钮弹出"变形文字"对话框，如图 3-92 所示，其各选项含义如下。

① 样式：可以在下拉列表框中选择文字变形的样式。

② 水平：可使文字在水平方向上扭曲。

③ 垂直：可使文字在垂直方向上扭曲。

④ 弯曲：控制文字扭曲的程度。

⑤ 水平扭曲：用以控制文字在水平方向产生的透视效果。

图 3-92　"变形文字"对话框

⑥ 垂直扭曲：用以控制文字在垂直方向产生的透视效果。

3.9.2　字符调板

在 Photoshop 中可以在字符调板中精确地控制文字图层中的个别字符，其中包括字体、大小、颜色、行距、字距微调、字距调整、基线偏移及对齐。可以在输入字符之前设置文字属性，也可以重新设置这些属性，以更改文字图层中所选字符的外观。

单击文字工具选项栏中的 按钮 按钮，或者选择"窗口"→"字符"，打开字符调板，如图 3-93 所示。

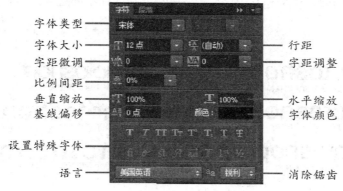

图 3-93　字符调板

其中主要选项含义如下。

1. 字体类型和字体大小

在字符调板中，可以在字体类型下拉列表框中选择所需字体类型；在"字体大小"下拉列表框中设定字体大小。

2. 行距

行距 ，用于设定两行文本之间基线的距离。在字符调板的"行距"下拉列表框中，可以自定义行距，也可以选择"自动"行距选项，"自动"行距是根据当前字体大小自动设置合适的行距数值，如图 3-94 所示。

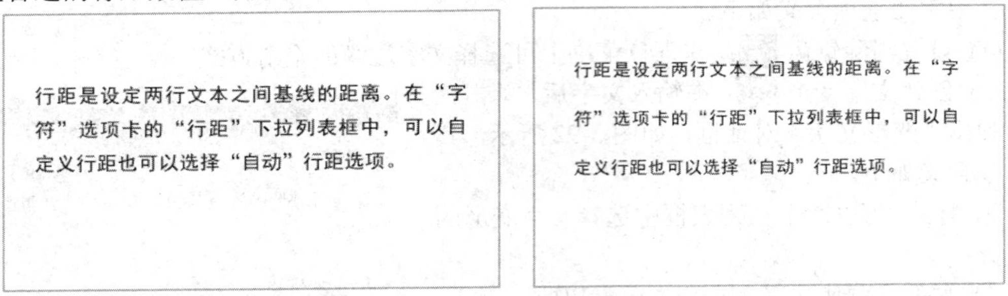

行距是设定两行文本之间基线的距离。在"字符"选项卡的"行距"下拉列表框中，可以自定义行距也可以选择"自动"行距选项。

行距是设定两行文本之间基线的距离。在"字符"选项卡的"行距"下拉列表框中，可以自定义行距也可以选择"自动"行距选项。

|(a) 参数设为自动行距|(b) 参数设为"48pt"时的行距|

图 3-94　行距设置

3. 字符缩放

在 Photoshop 中，提供了"垂直缩放 "和"水平缩放 "两个选项，用以对所选文字在水平或垂直方向上进行放大或缩小。没有进行缩放的文字，默认其水平和垂直缩放比例数值为 100%，如果想通过缩放文字来实现某种特殊效果时，可以在"垂直缩放"或"水平缩放"下拉列表框中选择预设比例数值，也可以自定义所需比例数值。

4. 字距调整与字距微调

"字距微调" 是指调整两个字符之间的间隔距离。它既可以通过字符调板中"字距微调"选项来设定，也可以通过手动使用 Alt + →或←组合键来增加或减少两个字符的间距。"字距调整" 与"字距微调"相似，只是"字距调整"是用于设置被选中的字符之间的距离，而"字距微调"是用于设置一对字符之间的距离，在"字距微调"下拉列表中包含三个选项：度量标准、视觉和 0。输入文字后，分别选择不同选项后会得到如图 3-95 所示的效果。

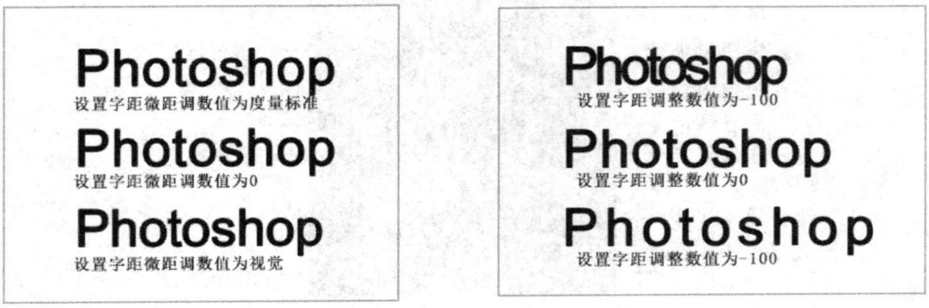

(a) 字距微调　　　　　　　　　　　(b) 字距调整

图 3-95　字符间距微调与字距调整

5. 比例间距和基线偏移

设置所选字符的比例间距 ，字符本身并不因此被伸展或挤压。可以按比例间距指定的百分比值减少字符周围的空间。当向字符添加比例间距时，字符两侧的间距按相同的百分比减小。百分比越大，字符间压缩越紧密。

使用"基线偏移 "选项，可将所选文本相对基线向上(或向下)进行偏移，如果在"基线偏移"文本框中输入的是正值，则所选文本向上偏移，反之向下偏移，如图 3-96 所示。

图 3-96　基线偏移

6. 字符样式

字符调板设有 8 种字符样式按钮，单击不同的按钮可选择不同的字符样式，不同按钮的含义具体如下。

  ：设为仿粗体字符。

  ：设为仿斜体字符。

  ：可以将选中文本全部转换为大写字母，该功能对中文无效。

  ：可以将选中文本全部转换成小写字母，但不会改变原来以大写字母输入的字符。该功能对中文无效。

  ：使字符成为上标，缩小字符并移动到文字基线以上。

  ：使字符成为下标，缩小字符并移动到文字基线以下。

  ：可在横排文字的下方或竖排文字的左侧或右侧应用下划线，线条颜色与文字颜色相同。

  ：可添加贯穿横排文字或竖排文字的删除线，线条颜色与文字颜色相同。

7. 消除锯齿

消除锯齿 功能可通过部分的填充边缘像素来产生边缘平滑的文字，使文字边缘混合到背景中。

消除锯齿的方法有以下 5 种。

(1) 无：不应用消除锯齿。

(2) 锐化：使文字边缘显得极为锐利。

(3) 犀利：使文字边缘显得稍微锐利。

(4) 浑厚：使文字显得更粗重。

(5) 平滑：使文字边缘显得更平滑。

3.9.3　段落调板

在 Photoshop 中，不仅提供了字符调板，还提供了能够对文字图层中的单个段落、多个段落或全部段落进行格式化设置的段落调板。利用段落调板，可以使文档中的文本对象更具有统一性和完整性。

　　如果工作区中没有显示"段落"调板，单击文字工具选项栏中的 ▤ 按钮(或按 Ctrl + T)或者选择"窗口"→"段落"，即可打开段落调板，如图 3-97 所示。

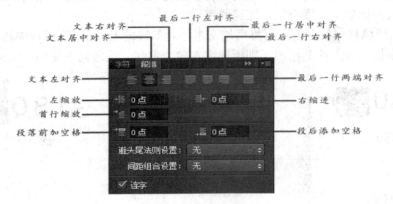

图 3-97　段落调板

1. 对齐方式

　　使用段落调板上方的"对齐"按钮，可将文本按指定的方式对齐。对齐方式有指定文本对齐和指定段落对齐两种。

　　1) 指定文本对齐

　　(1) 横排文字。

　　① 文本左对齐 ▤：选择该按钮，段落中的文本将以整个文本对象的左边为边界，强制进行文本左对齐。在左对齐段落中，由于每行右端有不等的剩余空间，所以右面边界是参差不齐的边缘。

　　② 文本居中对齐 ▤：选择该按钮，段落中的文本将以整个文本对象的中心线为轴，强制进行文本居中对齐。由于两边都有剩余空间，所以段落文本的左右边界都不整齐，但文本相对于中心轴是平衡的。

　　③ 文本右对齐 ▤：选择该按钮，段落中的文本将以整个文本对象的右边为边界强制进行文本右对齐。它和左对齐相反，在右对齐文本段落中，右边界是整齐的，而左边界是不整齐的。

　　如图 3-98 所示，分别列出了应用"左对齐文本"、"居中对齐文本"、"右对齐文本"后的段落文本。

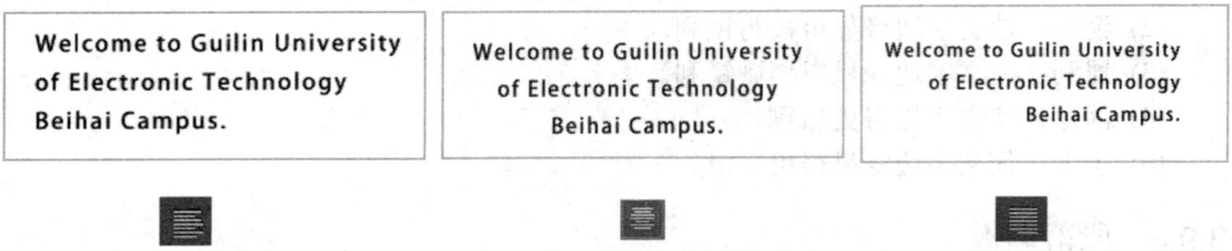

Welcome to Guilin University of Electronic Technology Beihai Campus.	Welcome to Guilin University of Electronic Technology Beihai Campus.	Welcome to Guilin University of Electronic Technology Beihai Campus.

　　(a) 左对齐　　　　　　　　　(b) 居中对齐　　　　　　　　　(c) 右对齐

图 3-98　对齐方式

(2) 竖排文字。

① 顶对齐文本 ▦：选择该按钮，段落中的文本将以整个文本对象的顶端为边界，强制进行文本顶对齐。段落底部边界是参差不齐的边缘。

② 居中对齐文本 ▦：选择该按钮，段落文本居中对齐，所有段落文本的顶端和底部都不整齐。

③ 底对齐文本 ▦：选择该按钮，段落中的文本将以整个文本对象的底部为边界强制进行文本底对齐，段落文本顶部参差不齐。

2) 指定段落对齐

最后一行左对齐 ▦：选择该按钮，段落中的文本对象将会以整个文本对象的左右两边为界强制对齐。如果该行字符较少，就将该行的剩余空间平均分配到字符或单词之间以实现左右对齐的效果。但段落文本的最后一行强制进行左对齐。

最后一行居中对齐 ▦：选择该按钮，除段落文本的最后一行强制进行居中对齐外，其余与"两端对齐，末行左对齐"相同。

最后一行右对齐 ▦：选择该按钮，除段落文本的最后一行强制进行右对齐外，其余与"两端对齐，末行左对齐"相同。如图 3-99 所示，分别列出了应用"最后一行左对齐文本"、"最后一行居中对齐文本"、"最后一行右对齐文本"后的段落文本。

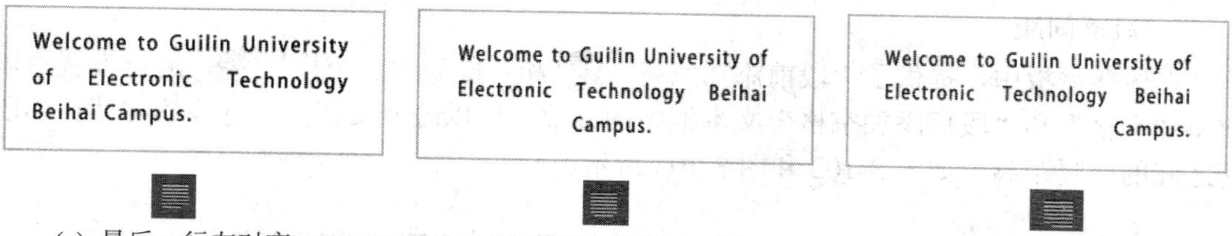

Welcome to Guilin University of Electronic Technology Beihai Campus.	Welcome to Guilin University of Electronic Technology Beihai Campus.	Welcome to Guilin University of Electronic Technology Beihai Campus.

(a) 最后一行左对齐　　　　(b) 最后一行居中对齐　　　　(c) 最后一行右对齐

图 3-99　对齐方式

2. 缩进方式

段落缩进值是指段落文本两端与文本框边界之间的间隔距离。如图 3-100 所示，在段落调板中有 3 个段落缩进按钮，它们不仅可以设置整个段落文本与文本框左、右边界的缩进数值，也可以设置段落首行文本的缩进数值。

图 3-100　段落调板

其中主要选项含义如下。

(1) 左缩进 ▦：在左缩进文本框中输入数值，可以使被选中的段落文本左端向右移动。

对于竖排文字，则从段落顶端缩进。

(2) 右缩进 ：在右缩进文本框中输入数值，可以使被选中的段落文本右端向左移动。对于竖排文字，则从段落底端缩进。

(3) 首行缩进 ：在首行缩进文本框中输入数值，可以使被选中的段落文本的首行左端向右移动。需要说明的是首行缩进的缩进值可以为负数，当缩进值为负值时可以创建悬挂缩进的效果。

如图 3-101 所示，为应用了"左缩进"和"首行缩进"的段落文本。

图 3-101　应用"左缩进"和"首行缩进"后的文本

3. 段落间距

在段落调板中，提供了"段前添加空格" 和"段后添加空格" ，通过设置"段前添加空格"和"段后添加空格"文本框中的参数，可以改变文档中所选段落与其相邻段落之间的间隔距离，如图 3-102 和图 3-103 所示。

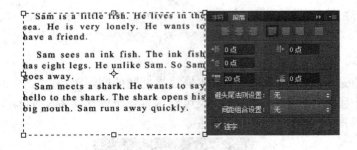

图 3-102　设置段前添加空格 20 点效果

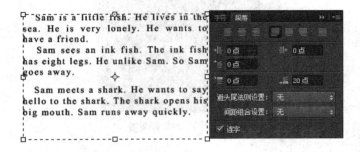

图 3-103　设置段后添加空格 20 点效果

4. 避头尾法则和间距组合

"避头尾法则"用于确定日语文字中的换行。不能出现在一行的开头或结尾的字符成为避头尾字符。Photoshop 提供了基本的规则"日本行业标准(JIS) X 4051—1995"和最大的避头尾集。

"间距组合"用于确定日语文字中标点、符号、数字以及其他字符类别之间的间距。Photoshop 包括基本的"日本工业标准(JIS) X 4051—1995"的几个预定义间距组合集。

5. 连字

此选项主要适用于英文排版，对中文并不适用。在需要换行时出现一个过长的英文单词时，选择该选项可将它分成两部分，并在前半部分的后面添加一个"-"连接字符号。

3.9.4　文字工具的使用

1. 创建横排或直排文字

在 Photoshop 中，使用"横排文字工具" **T** 或"直排文字工具" **↓T**，在页面任意位置单击，然后在浮动光标位置处输入文字，输入完毕后，按快捷键 Ctrl + Enter 结束文字编辑状态，即可完成横排文字和直排文字的创建。创建的横排文字和直排文字的效果如图 3-104 所示。

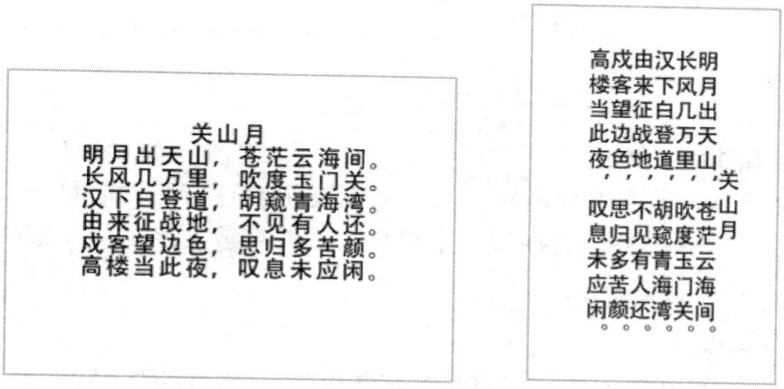

(a) 横排文字　　　　　　　(b) 直排文字

图 3-104　创建横排文字和直排文字

2. 创建点文字

"点文字"对于输入一个字或一行字符很有用。输入点文字时，每行文字都是独立的，行的长度随着输入内容的多少增加或缩短，但不会自动换行，输入的文字会出现在新的文字图层中。

创建点文字时，选择"横排文字工具"或"直排文字工具"，在图像中单击后，输入所需的字符，单击选项栏中的"提交"按钮 **✓** 即可。如果要另起一行，可按 Enter 键。

3. 创建段落文字

1) 创建段落文字的方法

创建段落文字时，选择文字工具后不是在图像文件中直接输入，而是在图中单击并拖动鼠标，在拖动的过程中可以看到图像中出现一个虚线框，松开鼠标即可得到段落控制框。然后在段落控制框中输入文本内容即可。输入段落文字时，文字基于定界框的尺寸换行。可以输入多个段落并选择段落对齐选项，这是段落文字与点文字的区别所在。

2）变换段落文字

与普通图层的定界框一样，段落文字的定界框也可以进行调整，如缩放、旋转和倾斜等。

（1）若要缩放定界框，应将鼠标指针定位在控制手柄上，再进行拖移；拖移的同时按住 Shift 键可以成比例地进行缩放。

（2）若要旋转定界框，应将鼠标指针定位在定界框外，再进行拖移；拖移的同时按住 Shift 键可按 15°的角度增量进行旋转，如图 3-105 所示。

（3）若要倾斜定界框，应在按住 Ctrl + Alt 键的同时拖移两边的手柄，如图 3-106 所示。

 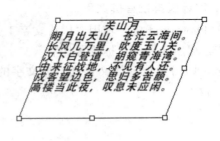

图 3-105　旋转　　　　　　　　　　　　　　图 3-106　斜切

旋转段落文字时，若要改变旋转中心，应在按住 Ctrl 键的同时将中心点拖移到新位置。中心点可以在定界框外。要在调整定界框大小时缩放文字，应在拖移角手柄的同时按住 Ctrl 键。

4. 创建文字蒙版

使用"横排文字蒙版工具"或"直排文字蒙版工具"，创建一个文字形状的选区时，文字选区出现在图层中，并像其他选区一样，可移动、复制、填充或描边。文字蒙版工具经常用来创建文字剪贴蒙版效果，其具体操作步骤如下：

（1）选择文字蒙版工具，在图像中创建文字选框，并输入字符，这时图层上会出现一个红色的蒙版，如图 3-107 所示。文字提交后，该图层上的图像中会出现文字选框。

图 3-107　选择文字蒙版并创建文字

(2) 打开一幅图像如图 3-108 所示，将图像全选(或选择所需部分)并复制。

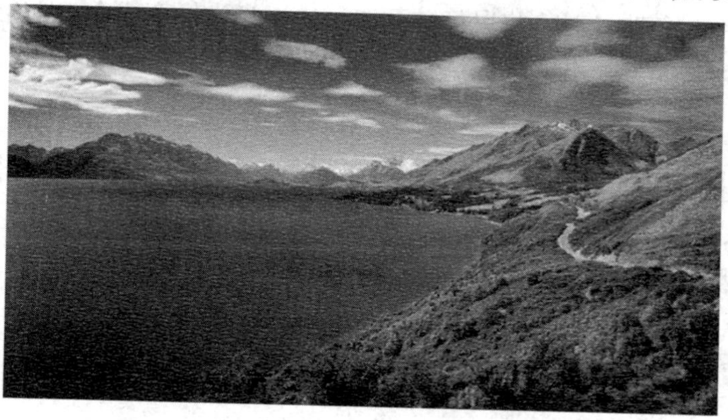

图 3-108　源文件图像

(3) 返回到文字选框图像文件，选择“编辑”→“贴入”命令，即可得到如图 3-109 所示的文字效果。

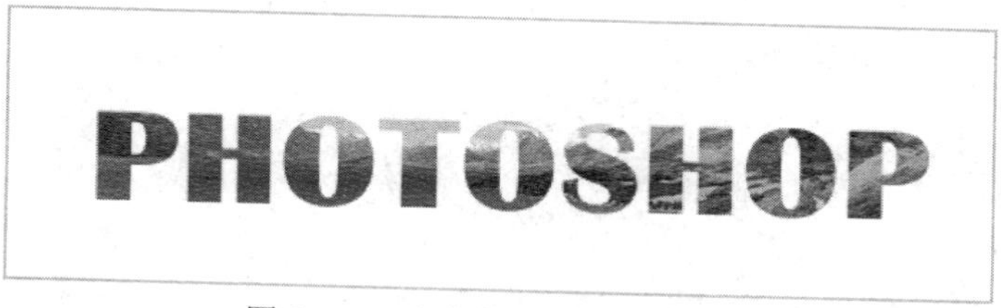

图 3-109　文字剪贴蒙版效果图像

5. 创建路径文本

Photoshop 提供了一种新的文字排列方法，它能够沿路径输入文字，下面具体讲解怎样沿路径创建文本。

1) 创建开放路径文本

(1) 创建路径。

打开一幅图像，单击工具箱中的钢笔工具，在图像上创建一条路径，如图 3-110 所示。

(2) 输入文字。

选择工具箱中的文字工具，将鼠标移到路径上，当光标变成 时单击鼠标左键插入文字光标，文字即可沿路径输入，如图 3-111 所示。

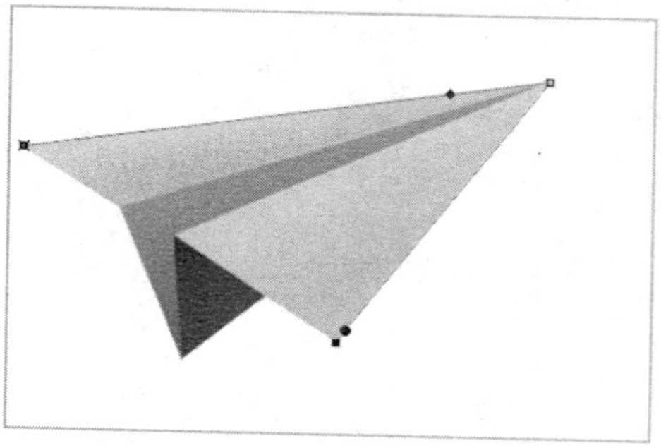

图 3-110　创建路径

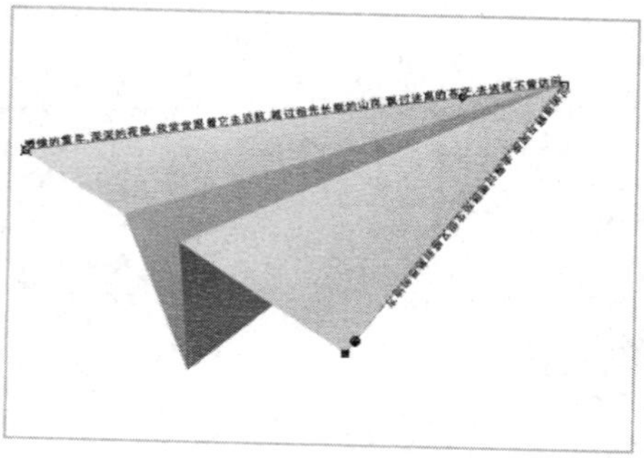

图 3-111　沿路径输入文字

2) 创建封闭路径文本

当路径为一个封闭路径时，将鼠标移到路径内，当光标变成 ⓘ 时单击鼠标左键，插入文字点，可以根据图形输入横排或直排文字，效果如图 3-112 所示。

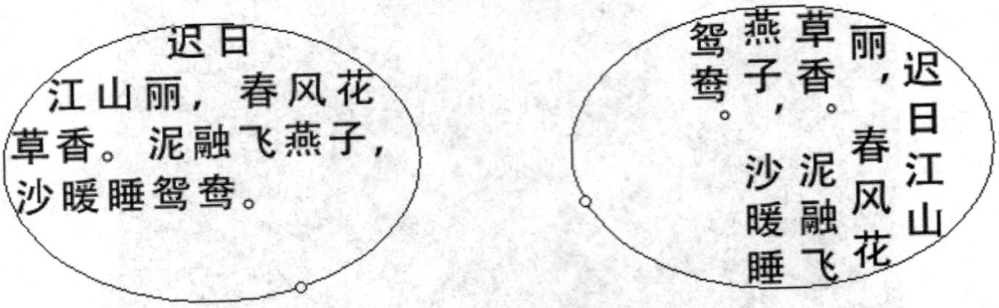

(a) 横排文本　　　　　　　　　　　　　(b) 直排文本

图 3-112　创建封闭路径本文

第 4 章　图层高级知识

4.1　图　层　选　项

4.1.1　链接图层

链接图层可以将两个以上的图层链接到一起，被链接的图层可以被一起移动或变换。链接方法是在图层调板中按住 Ctrl 键，在要链接的图层上单击，将其选中后，单击图层调板中的"链接图层"按钮 🔗，此时会在调板的链接图层中出现链接符号 🔗，如图 4-1 所示。

图 4-1　链接图层

4.1.2　更改图层不透明度

更改图层的不透明度就是更改图层的透明性，如图 4-2 所示。默认情况下图层的不透明度为 100%(即不透明)，因而画面图像完全覆盖了底层的背景。当降低画面图层的不透明度时，下方的背景就显示出来，从而得到画面融于背景的效果。

图 4-2　更改图层不透明度

图层调板有"不透明度"和"填充"两个可设置不透明度的选项，虽然都用于设置图层的不透明度，但它们的作用范围不同。当"填充"选项的不透明度发生变化时，只会影响图层的填充颜色不透明度，而对图层添加的外部效果的不透明度，如投影、描边等不产生影响；当"不透明度"选项的数值发生变化时，图层的填充颜色和图层添加的外部效果不透明度也会随之发生变化，如图 4-3 所示，由此可见"不透明度"选项作用的范围要广一些。

(a) 原图效果　　　　　　(b) 不透明度为 60%　　　　　(c) 不透明度为 50%

图 4-3　更改不透明度

4.1.3　图层混合模式

图层混合模式用于控制图层之间像素颜色的相互作用。如图 4-4 所示，系统提供的图层混合模式有正常、溶解、叠加等二十多种，不同的混合模式采用不同的原理，也会产生不同的效果。

下面对主要的颜色模式做简单的介绍。

(1) 正常模式：也是默认的模式，不和其他图层发生任何混合。

(2) 溶解模式：如果上方图像具有柔和的半透明边缘则选择该模式，可创建像素点状效果。

(3) 变暗模式：选择此模式，将以上方图层中较暗像素代替下方图层中与之相对应的较亮像素，且以下方图层中的较暗区域代替上方图层中的较亮区域，因此叠加后整体图像呈暗色调。

(4) 正片叠底模式：考察每个通道里的颜色信息，并对底层颜色进行正片叠加处理。其原理和色彩模式中的"减色原理"是一样的，这样混合产生的颜色总是比原来的要暗。如果和黑色发生正片叠底的话，产生的就只有黑色。而与白色混合就不会对原来的颜色产生任何影响。

图 4-4　图层混合模式

(5) 颜色加深模式：让底层的颜色变暗，有点类似于正片叠底，但不同的是，它会根据叠加的像素颜色相应增加底层的对比度，和白色混合后没有效果。

(6) 线性加深模式：同样类似于正片叠底，通过降低亮度，让底色变暗以反映混合色彩，和白色混合后没有效果。

(7) 深色模式：选择此模式，可以依据图像的饱和度，用当前图层中的颜色直接覆盖下方图层中的暗调区域颜色。

(8) 变亮模式：此模式与变暗模式相反，以上方图层中较亮像素代替下方图层中与之相对应的较暗像素，且以下方图层中的较亮区域代替上方图层中的较暗区域，因此叠加后整体图像变亮。

(9) 滤色模式：此选项与正片叠底相反，整体上显示由上方图层及下方图层的像素值中较亮的像素合成的图像效果，通常能够得到一种漂白图像中的颜色效果。

(10) 颜色减淡模式：选择此模式可以生成非常亮的合成效果，其原理为上方图层的像素值与下方图层的像素值采取一定的算法相加，此模式通常被用来创建光源中心点极亮的效果。

(11) 线性减淡模式：查看每一个颜色通道的颜色信息，加亮所有通道的基色，并通过降低其他颜色的亮度来反映混合颜色，此模式对于黑色无效。

(12) 浅色模式：与深色模式刚好相反，选择此模式可以依据图像的饱和度，用当前图层中的颜色直接覆盖下方图层中的高光区域颜色。

(13) 叠加模式：选择此模式，图像最终的效果取决于下方图层。但上方图层的明暗对比效果也将直接影响到整体效果，叠加后下方图层的亮度区与阴影区仍被保留。

(14) 柔光模式：使颜色变亮或变暗，具体取决于混合色。如果上方图层的像素比 50% 灰度亮，则图像变亮；反之，则图像变暗。

(15) 强光模式：此模式的叠加效果与柔光类似，但其加亮与变暗的程度较柔光模式大许多。

(16) 亮光模式：如果混合色比 50% 灰度亮，图像通过降低对比度来加亮图像；反之则通过提高对比度来使图像变暗。

(17) 线性光模式：如果混合色比 50% 灰度亮，图像通过提高对比度来加亮图像；反之则通过降低对比度来使图像变暗。

(18) 点光模式：此模式通过置换颜色像素来混合图像，如果混合色比 50% 灰度亮，比原图像暗的像素会被置换，而比原图像亮的像素无变化；反之，比原图像亮的像素会被置换，而比原图像暗的像素无变化。

(19) 实色混合(Hard Mix 模式)：选择此模式可创建一种具有较硬的边缘的图像效果，类似于多块实混合。

(20) 差值模式：选择此模式可从上方图层中减去下方图层相应处像素的颜色值，此模式通常使图像变暗并取得反相效果。最为简单的例子就是，当打开一幅图像后，复制"背景"图层得到"背景副本"图层，设置该副本图层的混合模式为"差值"，此时图像将显示为一个纯黑色的效果。

(21) 排除模式：与差值模式作用类似，用较高阶或较低阶颜色去合成图像时与差值模式毫无分别，使用趋近中间阶调颜色时效果则有区别，总的来说排除模式效果比差值模式要柔和。且排除模式产生的对比度会较低。同样的，与纯白混合会得到反相效果，而与纯黑混合没有任何变化。无论是差值模式还是排除模式都能使人物或自然景色图像产生更真实或更吸引人的图像合成效果。

(22) 减去模式：减去模式的作用是查看各通道的颜色信息，并从基色中减去混合色。如果出现负数就归为零。与和基色相同的颜色混合得到黑色；白色与基色混合得到黑色；

黑色与基色混合得到基色。

(23) 划分模式：划分模式的作用是查看每个通道的颜色信息，并用基色分割混合色。基色数值大于或等于混合色数值，混合出的颜色为白色。基色数值小于混合色，得到的结果色比基色更暗。因此结果色对比非常强。白色与基色混合得到基色，黑色与基色混合得到白色。

(24) 色相模式：合成时，用当前图层的色相值去替换下层图像的色相值，而饱和度与亮度不变。决定生成颜色的参数包括：底层颜色的明度与饱和度，上层颜色的色调。

(25) 饱和度模式：合成时，用当前图层的饱和度去替换下层图像的饱和度，而色相值与亮度不变。决定生成颜色的参数包括：底层颜色的明度与色调，上层颜色的饱和度。按这种模式与饱和度为 0 的颜色(灰色)混合将不产生任何变化。

(26) 颜色模式：兼有以上两种模式，用当前图层的色相值与饱和度替换下层图像的色相值和饱和度，而亮度保持不变。决定生成颜色的参数包括：底层颜色的明度，上层颜色的色调与饱和度。这种模式能保留原有图像的灰度细节。这种模式能用来为黑白或者是不饱和的图像上色。

(27) 明度模式：合成两图层时，用当前图层的亮度值去替换下层图像的亮度值，而色相值与饱和度不变。决定生成颜色的参数包括：底层颜色的色调与饱和度，上层颜色的明度。该模式产生的效果与颜色模式刚好相反，它是根据上层颜色的明度分布来与下层颜色混合。

4.2　图　层　样　式

所谓图层样式，实际上就是由投影、内阴影、外发光、内发光、斜面和浮雕、光泽、颜色叠加、图案叠加、渐变叠加、描边等多种图层效果组成的集合，它能够在顷刻间将平面图形转化为具有材质和光影等立体效果的图形。

1. 投影

1) 投影对话框含义

使用"投影"命令可以为当前图层中的图像添加阴影效果。执行菜单中的"图层"→"图层样式"→"投影"命令，即可打开如图 4-5 所示的"投影"对话框。

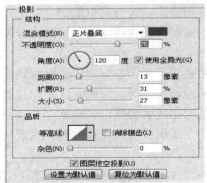

图 4-5　"投影"对话框

该对话框中主要选项含义如下。

(1) 混合模式：用来设置在图层中添加的投影的混合模式。

(2) 角度：用来设置光源照射下投影的方向，可以在文本框中输入数字或直接拖动角度控制杆来调整角度。

(3) 使用全局光：勾选该复选框后，图层中的所有样式都使用一个方向的光源。

(4) 距离：用来设置投影与图像之间的距离。

(5) 扩展：用来设置阴影边缘的细节。数值越大，投影越清晰;数值越小，投影越模糊。

(6) 大小：用来设置阴影的模糊范围。数值越大，范围越广，投影越模糊;数值越小，投影越清晰。

(7) 等高线：用来控制投影的外观现状。单击"等高线"图标右面的倒三角形按钮会弹出"等高线"下拉列表，在其中可以选择相应的投影外光。在"等高线"图标上双击可以打开"等高线编辑器"对话框，从中可以自定义等高线形状。

(8) 消除锯齿：勾选此复选框，可以消除投影的锯齿，增加投影效果的平滑度。

(9) 杂色：用来添加投影杂色，数值越大，杂色越多。

2) 添加图层样式的方法

(1) 打开一幅图像文件，选择文字工具，输入"PS"文字，调整合适的文字大小，如图 4-6 所示。

(2) 单击图层调板底端"添加图层样式"按钮 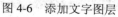，从弹出菜单中选择投影样式，如图 4-7 所示。

(3) 在打开"图层样式"对话框中设置投影颜色为(RGB：244，0，235)，其他参数设置如图 4-5 所示。

(4) 设置完成后，单击"确定"按钮，效果如图 4-8 所示。

图 4-6　添加文字图层　　　　图 4-7　选择投影样式　　　　图 4-8　设置投影后效果

当图层样式对话框设置有错误时，按 Alt 键，则"取消"按钮变成"复位"按钮，单击该按钮可将图层样式回复至最初状态。

从上面实例可以看出，添加图层样式很简单，其他图层样式的添加方法也相同，只是相应的参数设置不同。

2. 内阴影

使用"内阴影"命令可以使图层中的图像产生凹陷到背景中的效果。执行菜单中的"图层"→"图层样式"→"内阴影"命令，设置相应参数后，单击"确定"按钮，即可得到如图 4-9 所示的效果。

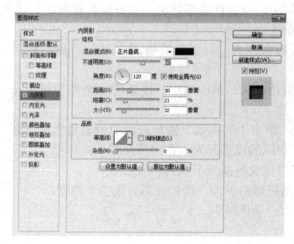
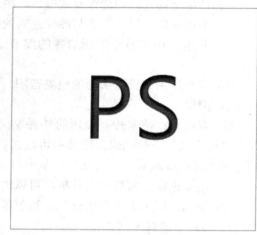

(a)　"内阴影"对话框　　　　　　　　　　　(b)　内阴影效果

图 4-9　添加内阴影效果

3. 外发光

使用"外发光"命令可以在图层中的图像边缘产生向外发光的效果。执行菜单中的"图层"→"图层样式"→"外发光"命令，设置相应参数后，单击"确定"按钮，即可得到如图 4-10 所示的效果。

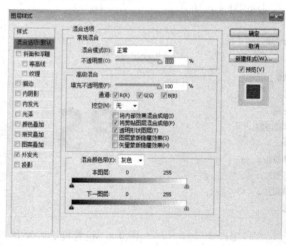

(a)　"外发光"对话框　　　　　　　　　　　(b)　外发光效果

图 4-10　添加外发光效果

4. 内发光

使用"内发光"命令可以从图层中的图像边缘向内或从图像中心向外产生扩散发光效

果。执行菜单中的"图层"→"图层样式"→"内发光"命令，设置相应参数后，单击"确定"按钮，即可得到如图 4-11 所示的效果。

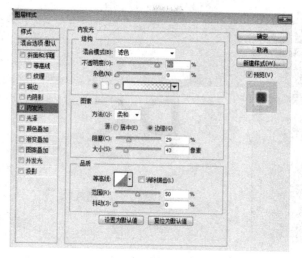

(a)"内发光"对话框

(b) 外发光效果

图 4-11　添加外发光效果

5. 斜面和浮雕

使用"斜面和浮雕"命令可以为图层中的图像添加立体浮雕效果及图案纹理。执行菜单中的"图层"→"图层样式"→"斜面和浮雕"命令，设置相应参数后，单击"确定"按钮，即可得到如图 4-12 所示的效果。

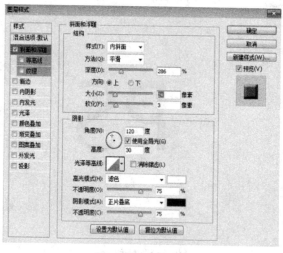

(a)　"斜面和浮雕"对话框

(b) 斜面和浮雕效果

图 4-12　添加斜面浮雕效果

6. 光泽

使用"光泽"命令可以为图层中的图像添加光源照射的光泽效果。执行菜单中的"图层"→"图层样式"→"光泽"命令，设置相应参数后，单击"确定"按钮，即可得到如图 4-13 所示的效果。

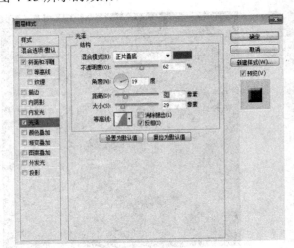

(a)"光泽"对话框   (b) 光泽效果

图 4-13　添加光泽效果

7. 颜色叠加

使用"颜色叠加"命令可以为图层中的图像叠加一种自定义颜色。执行菜单中的"图层"→"图层样式"→"颜色叠加"命令，设置相应参数后，单击"确定"按钮，可得到如图 4-14 所示的效果。

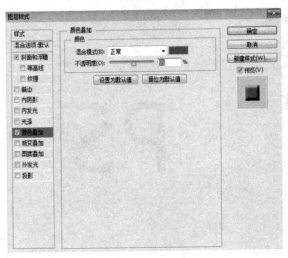

(a)"颜色叠加"对话框   (b) 颜色叠加效果

图 4-14　添加颜色叠加效果

8. 渐变叠加

使用"渐变叠加"命令可以为图层中的图像叠加一种自定义或预设的渐变颜色。执行菜单中的"图层"→"图层样式"→"渐变叠加"命令，设置相应参数后，单击"确定"
按钮，即可得到如图 4-15 所示的效果。

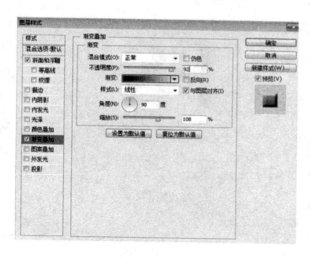

(a)"渐变叠加"对话框 (b) 渐变叠加效果

图 4-15 添加渐变叠加效果

9. 图案叠加

使用"图案叠加"命令可以为图层中的图像叠加一种自定义或预设的图案。执行菜单
中的"图层"→"图层样式"→"图案叠加"命令，设置相应参数后，单击"确定"按钮，
即可得到如图 4-16 所示的效果。

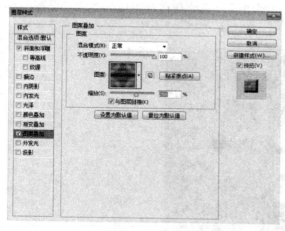

(a) "图案叠加"对话框 (b) 图案叠加效果

图 4-16 添加图案叠加效果

10. 描边

使用"描边"命令可以为图层中的图像添加内部、居中或外部的单色、渐变或图案效
果。执行菜单中的"图层"→"图层样式"→"描边"命令，设置相应参数后，单击"确
定"按钮，即可得到如图 4-17 所示的效果。

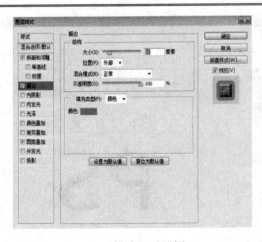

(a) "描边"对话框　　　　　　　　　　　　(b) 描边效果

图 4-17　添加描边效果

4.3　填充图层

　　填充图层与普通图层具有相同的颜色混合模式和不透明度，也可以对其进行图层顺序调整、删除、隐藏、复制和应用滤镜等操作。

　　执行菜单中的"图层"→"新建填充图层"命令，即可打开子菜单，其中包括"纯色"、"图案"和"渐变"命令，选择相应命令后可以根据弹出的"拾色器"、"图案填充"和"渐变填充"进行设置。默认情况下创建填充图层后，系统会自动生成一个图层蒙版，如图 4-18 所示。

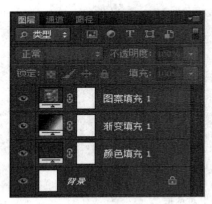

图 4-18　创建填充图层

4.4　调整图层

　　调整调板的作用就是在创建调整图层时，将不再通过对应的调整命令对话框设置其参数，而是在调整调板中设置。

在没有创建或选择任意一个调整图层的情况下，选择菜单"窗口"→"调整"命令，将调出如图 4-19 所示的调整调板。

图 4-19　调整调板默认状态

要创建调整图层，可以执行下面的操作之一：

（1）选择菜单"图层"→"新建调整图层"子菜单中的命令。

（2）单击"图层"面板底部的"创建新的填充或调整图层"按钮 ，在弹出的下拉菜单中选择需要的命令，如图 4-20 所示。

（3）在调整调板中单击面板上半部分的图标，即可创建对应的调整图层。

（4）在调整调板下半部分中单击各个调整图层的预设，即可在直接应用此预设的同时创建对应的调整图层。

图 4-20　创建调整图层选项

第 5 章　通 道 知 识

5.1　通 道 的 分 类

在 Photoshop 软件的使用过程中，通道的相关知识及应用技巧的掌握是难点，也是重点。充分了解各种通道的特点并灵活使用，可制作出一些图像的特技效果。下面先介绍通道的相关知识然后探讨并总结各种类型通道的使用方法和技巧。

通道主要用于保存颜色数据，每个图像至多拥有 24 个通道，所有通道按其作用可分为基色通道、Alpha 通道和专色通道。

1. 基色通道

基色通道又可分为主通道(也叫复合通道)、原色通道(也叫单色通道)。主通道用于存放单色通道叠加后的信息，在通常情况下，系统显示的是主通道。原色通道是指，将一张彩色图片分成多张单色图片，当将多张单色图片一层层叠放在一起时，又是一张彩色图片，而每一种单色被称为一个原色通道。如：CMYK 模式图像有一个 CMYK 主通道及四个原色通道(青色通道、品红色通道、黄色通道、黑色通道)；RGB 模式图像有一个 RGB 通道及三个原色通道(红色通道、绿色通道、蓝色通道)；Lab 色彩模式有一个 Lab 主通道及三个原色通道(L 通道、a 通道、b 通道，L 表示光强、a 通道表示的颜色为绿色到品红、b 通道表示的颜色为蓝色到黄色)。在通道调板中单色通道都显示为灰色，它通过 0～256 级亮度的灰度来表示颜色。若我们随意删除其中一个通道的话，会发现剩余的彩色通道都变成黑白的了。

2. Alpha 通道

除了基色通道和专色通道外、其他需单独创建的通道称为 Alpha 通道，Alpha 通道的默认编号从 Alpha 1 开始。值得注意的是，Alpha 通道和基色通道不同，Alpha 通道不用来保存颜色，而是用来保存快速蒙版或选择区域的，Alpha 通道是一幅 256 色的灰度图像。

3. 专色通道(Spot Color 通道)

由于在印刷中存在技术上的限制，使得通过印刷得到的图像效果比显示在屏幕的图像视觉效果差。为了弥补这种缺陷，产生了各种技术，而"专色"就是其中之一。专色通道可以使用一种特殊的混合油墨代替或附加到图像颜色(如 CMYK)油墨中。印刷中常见的烫金色或专有色都是通过添加专色通道实现的。在图像中添加专色通道后，必须将图像转换为多通道模式才能进行印刷输出。

"专色"是一种特殊的预混油墨，用来替代或补充印刷色(CMYK)油墨，以产生更好的印刷效果。每种专色在印刷时要求使用专用印版，在打印输出时每一个新专色通道会成为一张单独的页(即单独的胶片)被打印出来。

5.2　通 道 调 板

1. 通道调板

通道调板及按钮用法如图 5-1 所示。

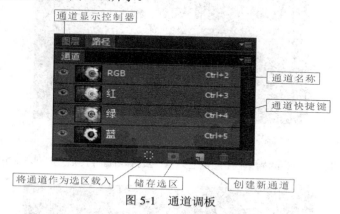

图 5-1　通道调板

2. 通道操作

通道的新建、删除与复制步骤分别如下。

(1) 新建。

方法一：单击通道调色板右上方的三角按钮→"新建通道(新建专色通道)"→"设置"后，单击"OK"。

方法二：单击通道调色板下面的新建通道图标 📃 。

(2) 删除。

直接拖到通道调色板下面的"删除通道"图标里。

(3) 复制。

直接拖到通道调色板下面的"新建通道"图标里。

5.3　通道的使用技巧

关于通道的使用技巧，有以下 4 个方面。

(1) 调节单色通道的亮度，可以调节图像的色彩。

在 Photoshop CS6 中，对图像的某个单色通道操作，就可以控制该通道所对应的颜色。在通道调板中每个单色通道都是通过 0～256 级亮度的灰度来表示颜色的。因此使用颜色通道调节图像的色彩时，可使用调节亮度的命令，如："图像"(Image)主菜单中"调整"(Adjustments)子菜单中的"亮度/对比度"(Brightness/Contrast)、"色阶"(Levels)等。对某个单色通道的亮度进行调整时，亮度加大，对应单色通道的颜色加深；反之颜色减淡。值得注意的是在通道中调节图像的色彩不能使用调整色彩的命令，如"色彩平衡"(Color

Levels)、"色相/饱和度"(Hue/Saturation) 等。

制作单色照片的步骤如下：

① 打开素材图片，如图 5-2 所示。

图 5-2　素材图片

② 利用"图像"→"调整"→"去色"，去掉图像的颜色，如图 5-3 所示。

图 5-3　图片去色

③ 使用通道调板，选中绿色通道，如图 5-4 所示。

图 5-4　选中绿色通道

④ 利用"图像"→"调整"→"亮度/对比度"命令调整绿色通道的亮度，参数如图 5-5 所示。

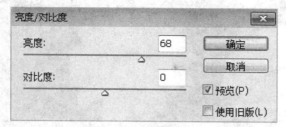

图 5-5　调整亮度

⑤ 单击通道调板中的"RGB 通道"，回到图层调板可得到偏绿的单色图像如图 5-6 所示。

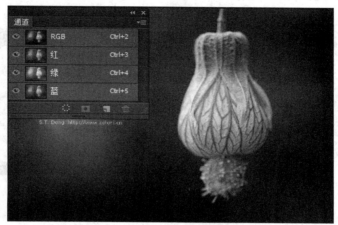

图 5-6　调整后图像色调

(2) 在某个单色通道中可选取复杂的选区。

有一些图像的轮廓很复杂，如果要将它们选取，使用其他工具很费时间，且不容易选好。而彩色图片都有 3 个到 4 个颜色通道，在对比度大一些的通道中通过颜色选取，成功率会高一些，请看下面的例子。

如图 5-7 所示，要选取画面中的花朵，可用拆分通道的方法获得选区。步骤如下：

图 5-7　素材图像

① 打开通道调板，仔细观察每一个通道，发现红色通道中，花朵的对比度大一些，如

图 5-8 所示。

图 5-8　进入通道面板

② 选择红色通道，利用"图像"→"调整"→"色阶"命令调整对比度的数值及效果，如图 5-9 所示。

图 5-9　调整色阶

③ 选择画笔，把花朵以外的部分涂抹成黑色，花朵区域涂抹成白色，如图 5-10 所示。

图 5-10　画笔涂抹

④ 通过魔术棒工具，并设置合适的容差值，选取花朵，单击 RGB 主通道。并回到图层面板中，图形便选取完毕，如图 5-11 所示。

图 5-11　完成选区的选取

（3）添加专色通道，为图像添加色彩。

在印刷行业中，为了使图片的色彩更鲜艳更真实，往往要设置专色。如果不用于印刷，也可以通过设置专色的方法编辑画面的色彩。

添加专色通道的方法是选择通道快捷菜单中的"新专色通道"（New Spot Channel）菜单项，并设置通道名称、颜色等。值得注意的是，一个专色通道中只能设置一种色彩，但可以有不同的颜色密度，同时专色通道也可以合并到单色通道中去。

（4）在 Alpha 通道中可以存放、编辑选区。

在各种通道的使用中，Alpha 通道的使用技巧是最灵活，也是最难掌握的。在图像处理中常常要创建新的选区，而在创建新选区后旧选区将被替换，因此为了能够重复使用已创建好的选区，可将其保存在 Alpha 通道中。所保存的选区可以用任意一种图形编辑方法来进行编辑。如图 5-12 所示，将图中所建立的选区保存于所示的 Alpha 1 通道中。当用户需要时，则可以在通道调板中选中含有 Alpha 的通道，使用通道面板底部的加载选择按钮或执行"选择"菜单中的"存储选区"命令，均可加载选区。

图 5-12　Alpha 通道存储选区

第 6 章　蒙 版 知 识

6.1　蒙版的分类和作用

蒙版是 Photoshop 中不会对图像产生破坏性影响的功能之一，同时它也是 Photoshop 的核心功能之一，其中较为常用的是剪贴蒙版、图层蒙版及矢量蒙版。简单来说，蒙版的作用就是隐藏多余的图像而又不破坏图像。在必要的情况下，还可以通过一些修改操作，使原本被隐藏的图像重新显示出来。

在 Photoshop CS6 中有以下 4 种类型的蒙版。

1. 剪贴蒙版

这是一类通过图层与图层之间的关系，控制图层中图像显示区域与显示效果的蒙版，能够实现一对一或一对多的屏蔽效果。

2. 快速蒙版

快速蒙版出现的意义是制作选择区域，而其制作方法则是通过屏蔽图像的某一部分，显示另一部分来达到制作精确选区的目的。

3. 图层蒙版

图层蒙版是使用最为频繁的一类蒙版，绝大多数图像合成作品都需要使用图层蒙版。

4. 矢量蒙版

矢量蒙版是图层蒙版的另一种类型，但两者可以共存，矢量蒙版用于以矢量图形的形式屏蔽图像。

6.2　剪 贴 蒙 版

在认识剪贴蒙版时，首先要确立起一个概念，那就是剪贴蒙版并非是由一个图层组成的，至少要两个图层以上的图层剪贴在一起，才能组成一个完整的剪贴蒙版。

在一个剪贴蒙版中，主要可以将图层分为两类，即内容层和基层。其中，剪贴蒙版最底部的图层被称为基层，它负责限制整个剪贴蒙版所表现出来的外形，而内容层则负责向这个外形中填充内容，所有的内容层前面都带有一个向下指示的图标。

创建剪贴蒙版步骤如下：

(1) 打开一幅素材图像文件，如图 6-1 所示。

图 6-1　图像素材

(2) 打开老鹰图像素材并把老鹰周围的背景用魔术棒选中删掉之后拖入素材中，如图 6-2 所示。

(a) 图像素材　　　　　　　　　　　　(b) 删除背景

图 6-2　图像素材

(3) 把老鹰层放置在素材层下方，右键单击鼠标从选项中选择"创建剪贴蒙版"，如图 6-3 所示。

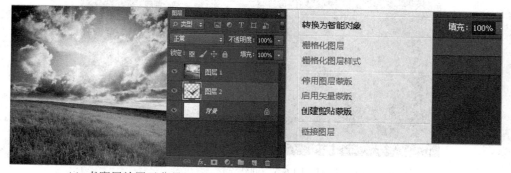

(a) 老鹰层放置于背景层下方　　　　　(b) 选择创建剪贴蒙版选项

图 6-3　创建剪贴蒙版

(4) 创建剪贴蒙版后的图像效果如图 6-4 所示。

图 6-4　创建剪贴蒙版后的效果

6.3　快　速　蒙　版

　　快速蒙版是一种临时蒙版,用于快速创建和编辑选区。在这里以一个具体的实例讲解使用快速蒙版创建选区的方法。

　　(1) 打开一幅图片。

　　(2) 选择魔棒工具,在选项栏中设置容差值为 30,并按下 Shift 键连续单击图片的背景,创建选区,如图 6-5 所示。

图 6-5　创建选区

　　(3) 单击工具箱中的“快速蒙版”按钮 ▣ ,进入快速蒙版编辑模式,在该模式下系统默认未被选择的区域蒙上一层透明度为 50% 的红色,指示为非选择区域。可以双击“快速蒙版"按钮来更改色彩指示的区域和颜色，如图 6-6 所示。

图 6-6　进入快速蒙版

　　（4）在快速蒙版编辑模式下，可以使用绘图工具来编辑选区，将前景颜色设为白色，然后使用画笔工具，在图像窗口拖动，去除该区域的红色，结果如图 6-7 所示。

　　在编辑快速蒙版时，要注意前景色和背景色的颜色，当前景色为黑色时，使用画笔工具涂抹，会在蒙版上添加颜色；当前景色为白色时，涂抹时会清除色彩指示区域的颜色。

图 6-7　编辑快速蒙版

　　（5）蒙版编辑完成后，单击工具箱标准编辑模式按钮，返回标准编辑模式。然后按 Ctrl + Shift + I 组合键反选选区，得到图像的选区，如图 6-8 所示。

图 6-8　得到图像选区

6.4　图　层　蒙　版

图层蒙版是一幅 256 色的灰度图像，对图层蒙版而言，其白色区域为完全透明区，黑色部分为不透明区，其他部分为半透明区。使用图层蒙版编辑时不会影响图层的像素，当对图层蒙版不满意时，可随时去掉图层蒙版。

图层蒙版的主要功能是制作图像融合效果或屏蔽图像中某些不需要的部分。

1. 图层蒙版的建立

方法一：直接单击图层面板下方的"添加图层蒙版"按钮 ▣。

方法二：执行菜单命令：窗口"图层"→"添加图层蒙版"→"显示全部(隐藏全部)"。

2. 禁止和删除图层蒙版

1) 禁止图层蒙版

方法一：右击图层蒙版，选择"停用图层蒙版"。

方法二：执行命令"图层"→"停用图层蒙版"。

2) 取消禁止图层蒙版

方法一：右击图层蒙版，选择"启动图层蒙版"。

方法二：执行命令"图层"→"启动图层蒙版"。

3) 删除图层蒙版

在"图层"调板中将蒙版缩览图拖至删除层按钮。

3. "贴入"命令

(1) 在工具箱中利用选框工具制作选区，如图 6-9 所示，执行菜单命令"选择"→"存储选区"，保存选区。

图 6-9　制作选区并存储

(2) 打开一幅素材图像，按 Ctrl + A 组合键全选图像，按 Ctrl + C 组合键将图像复制到剪贴板中，得到图层 1 如图 6-10 所示。

图 6-10　将图像复制到剪贴板中

（3）从通道面板中，选择 Alpha 1 通道并执行"载入选区"命令，加载选区后切换到图层面板，选择"编辑"→"选择性粘贴"→"贴入"（或按 Shift + Ctrl + V 快捷键)得到图层 2，隐藏图层 1 便得到最终效果，如图 6-11 所示。

图 6-11　使用贴入命令

4. 图层蒙版的使用

图层蒙版是白色，表示被蒙图层图像未蒙住，该图层图像全部显示；图层蒙版是黑色，表示被蒙图层图像全部蒙住，该图层图像不显示；图层蒙版是不同程度的灰色，表示以不同程度的透明度进行显示。

原图为 6-12 所示，添加白色图层蒙版后，飞鸟图层无任何变化，如图 6-13 所示；添加黑色图层蒙版后，飞鸟图层图像不显示，如图 6-14 所示；添加灰色图层蒙版后，飞鸟图层图像为半透明，如图 6-15 所示。

图 6-12　原图

图 6-13　添加白色图层蒙版

图 6-14　添加黑色图层蒙版

图 6-15　添加灰色图层蒙版

6.5　矢量蒙版

矢量蒙版是通过钢笔工具和形状工具来创建的。

1. 新建矢量蒙版

新建矢量蒙版可通过执行 "图层" → "添加矢量蒙版" → "显示全部" ("隐藏全部"、

"当前路径")命令来实现。

2．停用和重新启用矢量蒙版

方法一：执行命令"图层"→"停用矢量蒙版"（"启用矢量蒙版"）。

方法二：对准"矢量蒙版"缩略图右击，在弹出的快捷菜单中选"停用矢量蒙版"（"启用矢量蒙版"）。

方法三：结合 Shift 键，单击"矢量蒙版"缩略图，会出现一个红色的"×"，为停用矢量蒙版；再次结合 Shift 键，单击"矢量蒙版"缩略图为启用矢量蒙版。

3．将"矢量蒙版"转换为"图层蒙版"

方法一：执行命令"图层"→"栅格化"→"矢量蒙版"。

方法二：对准"矢量蒙版"缩略图右击，在弹出的快捷菜单中选"栅格化"。（注：我们要慎用的是将"矢量蒙版"栅格化。因为栅格化后，无法再将其改回为矢量对象。）

4．删除矢量蒙版

在图层调板中将矢量蒙版缩图拖至删除层按钮。

5．矢量蒙版的使用

(1) 打开一张素材图片，如图 6-16 所示。

(2) 将背景层转换为图层。按下工具箱中的"自定义形状工具"在矢量蒙版中拖出自己喜欢的形状，如图 6-17 所示。

(3) 用路径选择工具 选中矢量形状，右键单击鼠标后选择"创建矢量蒙版"，效果如图 6-18 所示。

图 6-16　打开素材图片

图 6-17　拖动矢量形状

图 6-18　完成图

第 7 章　图像色彩和色调的运用

7.1　颜色的基本设置

在 Photoshop 中设置颜色是非常重要的一个环节，色彩的运用可以决定一个作品的品质和效果，结合加色原色、减色原色与色轮，可以更有效地进行工作。如何才能更好地设置颜色是非常重要的工作，本节将详细讲解通过颜色调板和色板调板设置颜色的方法，以便处理图像时准确使用颜色。

7.1.1　颜色调板

颜色调板可以显示当前前景色和背景色的颜色值。使用颜色调板中的滑块，可以利用几种不同的颜色模式来编辑前景色和背景色，也可以从显示在调板底部的四色曲线图中的色谱中选取前景色或背景色。执行"窗口"→"颜色"命令，即可打开颜色调板，如图 7-1 所示。

图 7-1　颜色调板

颜色调板中各项的含义如下。

(1) 前景色：显示当前的前景色。单击此按钮，会打开"拾色器"对话框，在其中可以输入数值设置前景色或拖动颜色调板中的"滑块"，也可以在四色曲线图中设置前景色。

(2) 背景色：显示当前的背景色。设置方法与前景色相同。

(3) 四色曲线图：将光标移到该色条上，单击鼠标就可以直接设置前景色，按住 Alt 键在四色曲线图上单击鼠标则可以直接设置背景色。

(4) 滑块：可以直接拖动控制滑块确定颜色。

(5) 弹出菜单：单击该按钮可以打开颜色调板的弹出菜单。选择不同颜色模式的滑块后，颜色调板会变成该模式对应的样式。

7.1.2　色板调板

色板调板可存储用户经常使用的颜色。在调板中可以添加或删除颜色，还可以为不同的项目显示不同的颜色库。执行"窗口"→"色板"命令，即可打开色板调板，如图 7-2 所示。

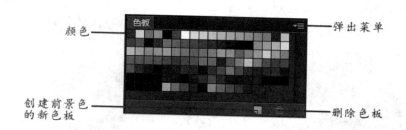

图 7-2　色板调板

色板调板中各项的含义如下。

(1) 颜色：选择相应的颜色后单击，便可以用此颜色替换当前前景色。

(2) 创建前景色的新色板：单击此按钮可以将设置的前景色保存到色板调板中。

(3) 弹出菜单：单击该按钮可以弹出菜单，在其中可以选择其他颜色库。

(4) 删除色板：在色板调板中选择颜色后拖动到此按钮上，可以将其删除。

7.2　快速调整

在 Photoshop 中系统已经预设了一些对图像中的颜色、色阶等进行快速调整的命令，从而能加快操作的进度。

7.2.1　自动色调

使用"自动色调"命令可以将各个颜色通道中的最暗和最亮的像素自动映射为黑色和白色，然后按比例重新分布中间色调像素值。打开图像后，执行"图像"→"自动色调"命令，即可完成图像的色调调整，效果如图 7-3 所示。

(a) 原图　　　　　　　　　　(b) 自动色调后　　　　　　　　2

图 7-3　使用"自动色调"命令前后的效果对比

7.2.2　自动对比度

使用"自动对比度"命令可以自动调整图像中颜色的总体对比度。打开图像后，执行"图像"→"自动对比度"命令，即可完成图像的对比度调整，效果如图 7-4 所示。

3

　　　　(a)　原图　　　　　　　　　　　(b)　自动对比度命令后

图 7-4　使用"自动对比度"命令前后的效果对比

7.2.3　自动颜色

使用"自动颜色"命令可以自动调整图像中的色彩平衡。其原理是首先确定图像的中性灰色像素，然后选择一种平衡色来填充图像的灰色像素，起到平衡色彩的作用。打开图像后，执行"图像"→"自动颜色"命令，即可完成图像的颜色调整，效果如图 7-5 所示。

4

　　　　(a)　原图　　　　　　　　　　　(b)　自动颜色命令后

图 7-5　使用"自动颜色"命令前后的效果对比

7.2.4　去色

使用"去色"命令可以将当前模式中的色彩去掉，将其变为当前模式下的灰度图像。执行"图像"→"调整"→"去色"命令，即可将彩色图像去掉颜色，效果如图 7-6 所示。

(a)　原图　　　　　　　　　　　　　　(b)　去色命令后　　　　　　　　5

图 7-6　使用"去色"命令前后的效果对比

7.2.5　反相

使用"反相"命令可以将一张正片图像转换成负片，产生底片效果。其原理是将通道中每个像素的亮度值都转化为 256 级亮度值刻度上相反的值。执行"图像"→"调整"→"反相"命令，即可将图像转换成反相的负片效果，效果如图 7-7 所示。

(a)　原图

(b)　使用反相命令效果　　　　　　　　　6

图 7-7　使用"反相"命令前后的效果对比

7.2.6　色调均化

使用"色调均化"命令可以重新分布图像中像素的亮度值，使它们能更均匀地呈现所有范围的亮度级别，将图像中最亮的像素转换为白色，图像中最暗的像素转换为黑色，而中间的值则均匀地分布在整个灰度中，效果如图 7-8 所示。

(a) 原图　　　　　　　　　　(b) 使用色调均化命令效果　　　　　7

图 7-8　使用"色调均化"命令前后的效果对比

7.3　自定义调整

应用 Photoshop CS6 软件提供的自定义调整功能，可以根据显示器中的预览变化，通过调整对话框的参数值，来设置最佳的图像效果。

7.3.1　色阶

使用"色阶"命令可以校正图像的色调范围和颜色平衡。"色阶"直方图可以用做调整图像基本色调的直观参考。调整方法是通过"色阶"对话框调整图像的阴影、中间调和高光的强度级别来达到最佳效果。执行"图像"→"调整"→"色阶"命令，会打开如图 7-9 所示的"色阶"对话框。

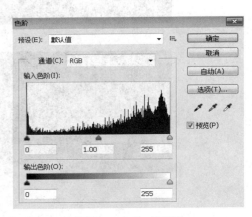

图 7-9　色阶对话框

该对话框中各项的含义如下。

(1) 预设：用来选择已经调整完毕的色阶效果，单击右侧的倒三角形按钮即可弹出下拉列表。

(2) 通道：用来选择设定调整色阶的通道。

(3) 输入色阶：在其对应的文本框中输入数值或拖动滑块来调整图像的色调范围，以提高或降低图像对比度。

- 阴影：用来控制图像中暗部区域的大小，数值越大，图像越暗。
- 中间调：用来控制图像的明亮度，数值越大，图像越亮。
- 高光：用来控制图像中亮部区域的大小，数值越大，图像越亮。

(4) 输出色阶：在其对应的文本框中输入数值或拖动滑块可调整图像的亮度范围，"暗部"可以使图像中较暗的部分变亮，"亮部"可以使图像中较亮的部分变暗。

(5) 弹出菜单 ≣：单击该按钮可以弹出下拉菜单，其中包含存储预设、载入预设和删除当前预设三个命令。

- 存储预设：执行此命令，可以将当前设置的参数进行存储，在"预设"下拉列表中可以看到被存储的选项。
- 载入预设：执行此命令，可以载入一个色阶文件作为对当前图像的调整。
- 删除当前预设：执行此命令，可以将当前选择的预设删除。

(6) 自动：单击该按钮，可以将"暗部"和"亮部"自动调整到最暗和最亮，单击此按钮得到的效果与"自动色阶"命令相同。

(7) 选项：单击该按钮可以打开"自动颜色校正选项"对话框，在对话框中可以设置"阴影"和"高光"所占的比例。

(8) 设置黑场 ✐：用来设置图像中阴影的范围。单击该按钮后，在图像中选取相应的点单击，单击后图像中比选取点更暗的像素颜色将会变得更深(黑色选取点除外)，在黑色区域单击后会恢复图像。

(9) 设置灰场 ✐：用来设置图像中中间调的范围。单击该按钮后，在图像中选取相应的点单击，在黑色区域或白色区域单击后会恢复图像。

(10) 设置白场 ✐：与设置黑场的方法正好相反，用来设置图像中高光的范围。单击该按钮后，在图像中选取相应的点单击，单击后图像中比选取点更亮的像素颜色将会变得更浅(白色选取点除外)，在白色区域单击后会恢复图像。

1. 色阶命令概述

1) 将图像加亮

如果要对图像的全部色调进行调节，在"通道"下拉列表框中选择 RGB，否则就是仅选择了其中之一以调节该色调范围内的图像。如果要增加图像的对比度，拖曳"输入色阶"下方的滑块；如果要减少图像的对比度，拖曳"输出色阶"下方的滑块。拖曳"输入色阶"下方的白色滑块可将图像加亮，效果如图 7-10 所示。

8

(a) 原图　　　　(b) 拖曳白色滑块变亮效果　　　(c) 色阶对话框

图 7-10　拖曳色阶白色滑块后的效果

2) 将图像变暗

拖曳"输入色阶"下方的黑色滑块可将图像变暗。图 7-11 所示为拖曳黑色滑块时的"色阶"对话框及变暗效果。

(a) 拖曳黑色滑块变暗效果　　　　　　　(b) "色阶"对话框

图 7-11　拖曳色阶黑色滑块后的效果

9

3) 将图像像素重新分布

拖曳"输入色阶"下方的灰色滑块可以使图像像素重新分布，其中向左拖曳使图像变亮，向右拖曳使图像变暗。图 7-12 所示为向右拖曳灰色滑块后的效果。

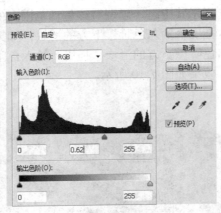

(a) 拖曳灰色滑块变亮效果　　　　　　　(b) "色阶"对话框

图 7-12　拖曳色阶灰色滑块后的效果

10

2．用黑、白吸管定义黑、白场

除上述的方法外，利用"色阶"对话框中的滴管工具，也可以对图像的明暗度进行调节，使用黑色滴管工具，可以使图像变暗，而使用白色滴管工具则可使图像变亮，灰色滴管工具，用于去除图像的偏色。3 个滴管工具的功能具体如下。

（1）黑色滴管工具：可以将图像中的单击位置定义为图像中最暗的区域，从而使图像的阴影重新分布，大多数情况下，可以使图像更暗一些。

（2）白色滴管工具：可以将图像中的单击位置定义为图像中最亮的区域，从而使图像的阴影重新分布，大多数情况下，可以使图像更亮一些。

（3）灰色滴管工具：可以将图像中的单击位置的颜色定义为图像的偏色，从而使图像的色调重新分布，用于去除图像的偏色情况。

图 7-13 所示为使用黑色滴管工具单击图像后图像整体变暗的效果。

11

图 7-14 所示为使用白色滴管工具单击图像后图像整体变亮的效果。

图 7-13　使用黑色滴管效果

图 7-14　使用白色滴管效果

7.3.2　曲线

使用"曲线"命令可以调整图像的色调和颜色。设置曲线形状时，将曲线向上或向下移动将会使图像变亮或变暗，具体情况取决于对话框是设置为显示色阶还是显示百分比。

曲线中较陡的部分表示对比度较高的区域；曲线中较平的部分表示对比度较低的区域。如果将"曲线"对话框设置为显示色阶而不是百分比，则会在图像的右上角呈现高光。移动曲线顶部的点将调整高光；移动曲线中心的点将调整中间调；移动曲线底部的点将调整阴影。要使高光变暗，需将曲线顶部附近的点向下移动。将点向下或向右移动会将"输入"值映射到较小的"输出"值，并会使图像变暗。要使阴影变亮，则将曲线底部附近的点向上移动。将点向上或向左移动会将较小的"输入"值映射到较大的"输出"值，并会使图像变亮，执行"图像"→"调整"→"曲线"命令，会打开如图 7-15 所示的"曲线"对话框。

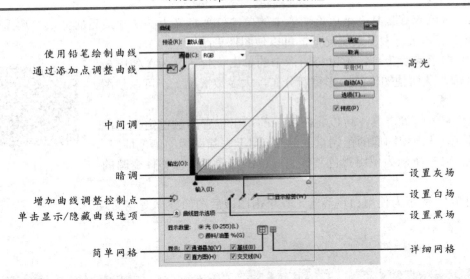

图 7-15　曲线对话框

该对话框中各项的含义如下。

(1) 通过添加点调整曲线：可以在曲线上添加控制点来调整曲线，拖动控制点即可改变曲线形状。

(2) 使用铅笔绘制曲线：可以随意在直方图内绘制曲线，此时"平滑"按钮被激活用来控制绘制铅笔曲线的平滑度。

(3) 高光：拖动曲线中的高光控制点可以改变高光。

(4) 中间调：拖动曲线中的中间调控制点可以改变图像的中间调，向上弯曲会将图像变亮，向下弯曲会将图像变暗。

(5) 暗调：拖动曲线中的阴影控制点可以改变阴影。

(6) 显示修剪：勾选该复选框后，可以在预览的情况下显示图像中发生修剪的位置。

(7) 显示数量：包括"光"的显示数量和"颜料/油墨"的显示数量两个单选框，分别代表加色与减色颜色模式状态。

(8) 显示：包括显示不同通道的曲线、显示对角线浅灰色的基准线、显示色阶直方图以及显示拖动曲线时水平和竖直方向的参考线。

(9) 设置网格大小：在"简单网格"和"详细网格"两个按钮上单击可以在直方图中显示不同大小的网格。"简单网格"指以 25%的增量显示网格线，"详细网格"指以 10%的增量显示网格。

此对话框中最重要的工作是调节曲线，曲线的水平轴表示像素原来的色值，即输入色阶；垂直轴表示调整后的色值，即输出色阶。

另外，对于 RGB 图像对话框显示的是从 0～255 间的亮度值，其中阴影(数值为 0)位于左边；而对于 CMYK 图像对话框显示的是从 0～100 间的百分数，高光(数值为 0)在左边。但单击曲线下面的双箭头可以反转亮部与暗部的分布顺序。

1. 使用预设调整图像

用 Photoshop CS6 版本中的"曲线"命令提供的"预设"调整功能，使用它自带的曲线调整方案，就可以调整出很多种不同的效果。图 7-16 所示为原图像；图 7-17～图 7-19 所示是分别选择不同预设时得到的图像效果。

图 7-16　原片

图 7-17　彩色负片

12

图 7-18　反冲

图 7-19　增强对比度

2. 使用调节线处理图像

使用"曲线"命令调整图像，步骤如下：

(1) 打开素材文件如图 7-20 所示。

(2) 选择菜单"图像"→"调整"→"曲线"命令，弹出曲线对话框。

(3) 由于本例需要调整整幅图的暗部，因此在"通道"下拉列表框中选择 RGB。

(4) 将定义阴影的节点向上移动一些，并在中上方单击增加节点如图 7-22 所示。此时图像效果如图 7-21 所示。

13

  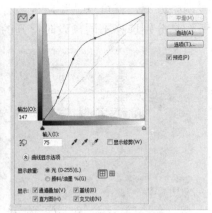

图 7-20　原图效果　　　　图 7-21　使用调节线处理图像后　　　图 7-22　曲线对话框

3. 使用拖动调整工具调整图像

在 Photoshop CS6 中，可以通过"曲线"命令的拖曳调整工具
快速调整图像的色彩及亮度。

图 7-24 所示是选择拖曳调整工具 后在要调整的图像位置摆
放光标时的状态，由于当前摆放光标的位置显得曝光不足(如图 7-23
所示)，所以向上拖曳光标以提亮图像，使用拖动调整工具调整图像后
效果如图 7-24 所示。

14

图 7-23　原图效果　　　　图 7-24　使用拖动调整工具调整图像后的效果

7.3.3　渐变映射

使用"渐变映射"命令可以将相等的灰度颜色进行等量递增或递减运算从而得到渐变
填充效果。如果指定双色渐变填充，图像中暗调映射到渐变填充的一个端点颜色，高光映
射到渐变填充的一个端点颜色，中间调映射为两种颜色混合的结果。执行"图像"→"调
整"→"渐变映射"命令，会打开如图 7-25 所示的"渐变映射"对话框。

该对话框中各项的含义如下。

(1) 灰度映射所用的渐变：单击渐变颜色条右边的倒三角形按钮，在打开的下拉菜单
中可以选择系统预设的渐变类型作为映射的渐变色。单击渐变颜色条会弹出"渐变编辑器"
对话框，如图 7-25 所示。在对话框中可以设定自己喜爱的渐变映射类型。

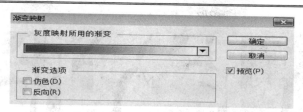

图 7-25　"渐变编辑器"对话框

(2) 仿色：用来平滑渐变填充的外观并减少带宽效果。

(3) 反向：用于切换渐变填充的顺序。

"渐变映射"命令的具体操作步骤如下：

(1) 打开素材，如图 7-26 所示。

(2) 选择菜单"图像"→"调整"→"渐变映射"命令。

(3) 单击对话框中的渐变类型选择框，在弹出的"渐变编辑器"对话框中自定义渐变的类型，单击"确定"按钮退出对话框即可。

图 7-27 所示的是应用了渐变映射后得到的效果。

图 7-26　原图效果　　　　　图 7-27　应用渐变映射后效果　　　　　15

7.3.4　阈值

执行"图像"→"调整"→"阈值"命令，会打开如图 7-28 所示的"阈值"对话框。该对话框中的阈值色阶用来设置黑色与白色的分界数值。数值越大，黑色越多；数值越小，白色越多。

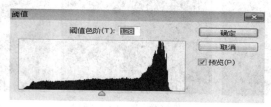

图 7-28　阈值对话框

使用"阈值"命令可以将灰度图像或彩色图像转换为高对比度的黑白图像，效果如图

7-29 所示。

(a) 原图效果   (b) 设置不同阈值参数得到的效果

图 7-29   设置不同阈值参数的效果对比

7.3.5   色调分离

执行"图像"→"调整"→"色调分离"命令，会打开如图 7-30 所示的"色调分离"对话框。

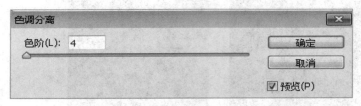

图 7-30   设置不同阈值参数对比效果

该对话框中的色阶用来指定图像转换后的色阶数量，数值越小，图像变化越剧烈。

使用"色调分离"命令可以指定图像中每个通道的色调级(或亮度值)的数目，然后将像素映射为最接近的一种色调。执行该命令后的图像由大面积的单色构成，效果如图 7-31 所示。

(a) 原图效果   (b) 色阶数值为 11 的效果   (c) 色阶数值为 5 的效果

图 7-31   应用"色调分离"命令前后的效果对比

7.3.6　亮度/对比度

使用"亮度/对比度"命令可以对图像的整个色调进行调整，从而改变图像的亮度/对比度。"亮度/对比度"命令会对图像的每个像素都进行调整，所以会导致图像细节的丢失。

执行"图像"→"调整"→"亮度"→"对比度"命令，会打开如图 7-32 所示的"亮度/对比度"对话框。

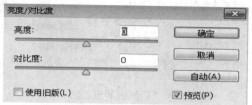

图 7-32　"亮度/对比度"对话框

该对话框中各项的含义如下。

(1) 亮度：用来控制图像的明暗度，负值会将图像调暗，正值可以加亮图像，取值范围是 −100～1000。

(2) 对比度：用来控制图像的对比度，负值将会降低图像对比度，正值可以加大图像对比度，取值范围是 −100～1000。

(3) 使用旧版：使用老版本中的"亮度/对比度"命令调整图像。

16

图 7-33 为增加"亮度/对比度"后的效果和减少"亮度/对比度"后的效果对比。

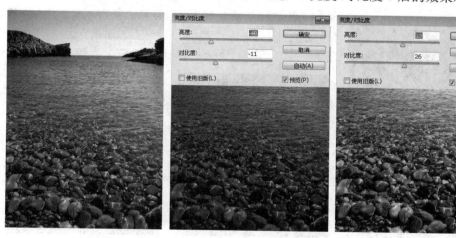

(a) 原图效果　　(b) 增加亮度/对比度后的效果　(c) 减少亮度/对比度后的效果

图 7-33　增加、减少亮度/对比度的效果对比

7.4　色调调整

在 Photoshop CS6 中通过系统提供的色调调整功能，可以将图像调整为不同的色调从而达到想要的效果。

7.4.1　自然饱和度

执行"图像"→"调整"→"自然饱和度"命令，会打开如图 7-34 所示的"自然饱和度"对话框。

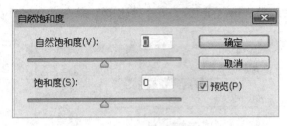

图 7-34　"自然饱和度"对话框

该对话框中各项的含义如下。

(1) 自然饱和度：可以对图像进行从灰色调到饱和色调的调整，用于提升饱和度不够的图片或调整出非常优雅的灰色调。其取值范围是 −100～100，数值越大色彩越浓烈。

(2) 饱和度：通常指的是一种颜色的纯度。颜色越纯，饱和度就越大；颜色纯度越低，相应颜色的饱和度就越小。其取值范围是 −100～100，数值越小颜色纯度越小，越接近灰色。

17

图 7-35 分别为原图、降低饱和度和增加饱和度后的效果。

(a) 原图效果　　　　(b) 降低饱和度后的效果　　　(c) 增加饱和度后的效果

图 7-35　降低、增加饱和度的效果对比

7.4.2　色相/饱和度

使用"色相/饱和度"命令可以调整整个图片或图片中单个颜色的色相、饱和度和亮度。执行"图像"→"调整"→"色相/饱和度"命令，会打开如图 7-36 所示的"色相/饱和度"对话框。

图 7-36　色相/饱和度对话框

该对话框中各项的含义如下。

（1）预设：系统保存的调整数据。

（2）编辑：用来设置调整的颜色范围，单击右边的倒三角按钮即可弹出下拉列表，如图 7-37 所示。

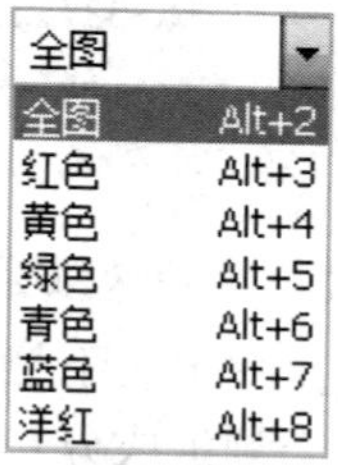

（3）色相：通常指的是颜色，即红色、黄色、绿色、青色、蓝色和洋红。

全图	
全图	Alt+2
红色	Alt+3
黄色	Alt+4
绿色	Alt+5
青色	Alt+6
蓝色	Alt+7
洋红	Alt+8

（4）饱和度：通常指的是一种颜色的纯度。颜色越纯，饱和度就越大；颜色纯度越低，相应颜色的饱和度就越小。

（5）明度：通常指的是色调的明暗度。

图 7-37　下拉列表

（6）着色：勾选该复选框后，只可以为全图调整色调，并将彩色图像自动转换成单一色调的图像。

（7）按图像选取点调整图像饱和度：单击此按钮，使用鼠标在图像的相应位置拖动时，会自动调整被选取区域颜色的饱和度，如图 7-38 所示。

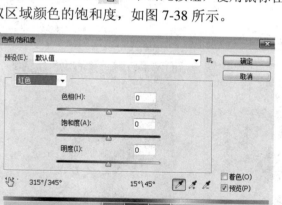

图 7-38　按图像选取点调整图像饱和度

在"色相/饱和度"对话框的"编辑"下拉列表中选择单一颜色后，"色相/饱和度"对话框的其他功能会被激活，具体如下。

① 吸管工具：可以在图像中选择具体编辑色调。

② 添加到取样：可以在图像中为已选取的色调再增加调整范围。

③ 从取样中减去：可以在图像中为已选取的色调减少调整范围。

1. 预设调整

在 Photoshop CS6 中，"色相/饱和度"对话框中的预设调整功能的下拉菜单框中可以选择一些颜色调整方案，以便对图像进行快速调整，如图 7-39 所示效果。

18

　　(a) 原图效果　　　　　　(b) 氰版照相效果　　　　(c) 红色提升效果

图 7-39　使用不同预设调整得到的效果

2. 颜色选项组调整

在弹出的下拉列表框中选择"全图"选项，可以同时调节图像中所有的颜色，或者选择某一颜色成分，单独调节，如图 7-40 所示效果。

　　(a) 调整蓝色参数后效果　　　　　(b) 调整黄色参数后效果　　　　19

图 7-40　调整不同颜色效果

7.4.3　通道混和器

使用"通道混和器"命令调整图像，指的是通过从单个颜色通道中选取它所占的百分比来创建高品质的灰度、棕褐色调或其他彩色的图像。执行"图像"→"调整"→"通道混和器"命令，会打开如图 7-41 所示的"通道混和器"对话框。

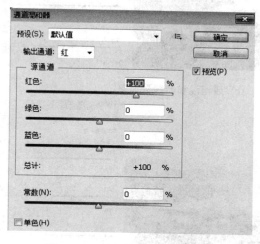

图 7-41　"通道混和器"对话框

该对话框中各项的含义如下。

(1) 预设：系统保存的调整数据。

(2) 输出通道：用来设置调整图像的通道。

(3) 源通道：根据色彩模式的不同会出现不同的调整颜色通道。

(4) 常数：用来调整输出通道的灰度值。正值可增加白色，负值可增加黑色。200%时输出的通道为白色；–200%时输出的通道为黑色。

(5) 单色：勾选该复选框后，可将彩色图片变为单色图像，而图像的颜色模式与亮度保持不变。

在使用"通道混和器"调整图像时，如果图像中的颜色与通道不符，可以根据通道中的各个颜色混合来完成相应的颜色调整，如图 7-42 所示。

(a) 原图效果

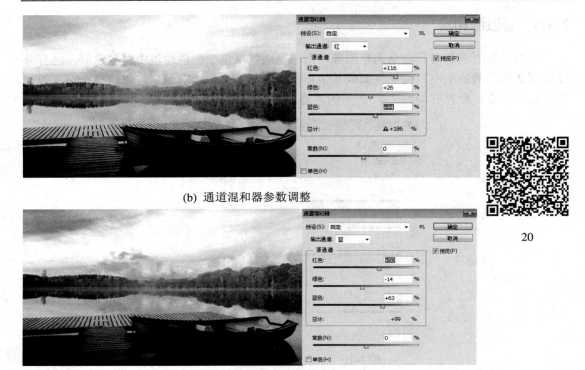

(b) 通道混和器参数调整

20

(c) 通道混和器参数调整

图 7-42   通道混和器调整图像效果

7.4.4   色彩平衡

使用"色彩平衡"命令可以单独对图像的阴影、中间调和高光进行调整,从而改变图像的整体颜色。执行"图像"→"调整"→"色彩平衡"命令,会打开如图 7-43 所示的"色彩平衡"对话框。在对话框中有三组相互对应的互补色,分别为青色对红色、洋红对绿色和黄色对蓝色。

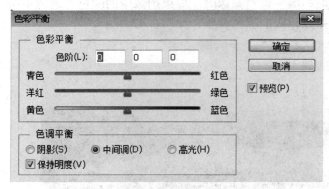

图 7-43   "色彩平衡"对话框

该对话框中各项的含义如下。

(1) 色彩平衡:可以在对应的文本框中输入相应的数值或拖动下面的三角滑块来调整

颜色的增加或减少。

(2) 色调平衡：可以选择在阴影、中间调或高光中调整色彩平衡。

(3) 保持明度：勾选此复选框后，在调整色彩平衡时保持图像亮度不变。

打开要调整的图像7-44，选择"阴影"、"中间调"、"高光"，调整色彩平衡中的颜色控制滑块或在"色阶"文本框中输入数值，如图根据7-46所示的参数可得到如图7-45所示的效果。

21

图7-44　原图效果　　　　　　图7-45　调整色彩平衡参数后效果

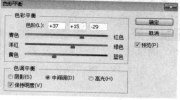

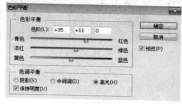

图7-46　色彩平衡参数设置

7.4.5　黑白

使用"黑白"这一图像调整命令，可以将图像处理成灰度图像效果，也可以选择一种颜色，将图像处理成单一色彩的图像。执行菜单"图像"→"调整"→"黑白"命令，会打开如图7-47所示的"黑白"对话框。

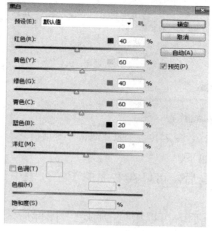

图7-47　"黑白"对话框

该对话框中各项的含义如下。

(1) 颜色调整：包括对红色、黄色、绿色、青色、蓝色和洋红的调整，可以在文本框中输入数值，也可以直接拖动控制滑块来调整颜色。

(2) 色调：勾选该复选框后，可以激活"色相"和"饱和度"来制作其他单色效果。

在对话框中选择"预设"下拉列表框中的一种处理方案，或直接在中间的颜色设置区域中拖曳各个滑块，调整图像的效果。调整前后图像的效果如图 7-48 所示。

  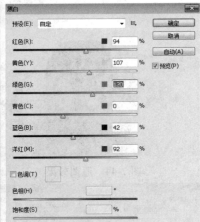

    (a) 原图效果   (b) 调整色彩平衡参数后效果   (c) 色彩平衡参数设置

图 7-48　黑白调色效果

7.4.6　照片滤镜

简单地说，"照片滤镜"命令就是用来改变照片色调的一个功能，例如，将原来属于偏红色调的照片改为偏青色调，或将冷色调改为暖色调/中色调等。

使用"照片滤镜"命令可以对图像在冷、暖色调之间进行调整。执行"图像"→"调整"→"照片滤镜"命令，会打开如图 7-49 所示的"照片滤镜"对话框。

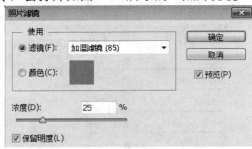

图 7-49　"照片滤镜"对话框

该对话框中各项的含义如下。

(1) 滤镜：选择此单选框后，可以在右面的下拉列表中选择系统预设的冷、暖色调选项。

(2) 颜色：选择此单选框后，可以根据"颜色"图标后面弹出的"选择滤镜颜色"对话框定义冷、暖色调的颜色，如图 7-50 所示。

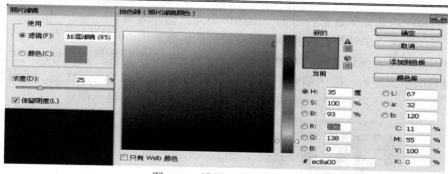

图 7-50　设置照片滤镜颜色

(3) 浓度：用来调整应用到照片中的颜色数量，数值越大，色彩越接近饱和。

图 7-51(a)为原图，图 7-51(b)是将图像调整为紫色调及深黄色调后的效果。用户也可以继续尝试其他的色调效果。

(a) 原图效果　　　　　　(b) 添加照片滤镜后效果　　　　　　22

图 7-51　照片滤镜设置效果

7.4.7　变化

使用"变化"命令可以非常直观地调整图像或选区的色彩平衡、对比度和饱和度，它对于色调平均、不需要精确调整的图像很有用，使用方法非常简单，只要在不同的变化缩略图上单击即可完成图像的调整。

执行"图像"→"调整"→"变化"命令，会打开如图 7-52 所示的"变化"对话框。该对话框中各项的含义如下。

(1) 对比区：此区用来查看调整前后的对比效果。

(2) 颜色调整区：单击相应的加深颜色，可以在对比区中查看效果。

(3) 明暗调整区：调整图像的明暗。

(4) 调整范围：用来设置图像被调整的固定区域。

• 阴影：勾选该单选框，可调整图像中较暗的区域。

- 中间调：勾选该单选框，可调整图像中中间色调的区域。
- 高光：勾选该单选框，可调整图像中较亮的区域。
- 饱和度：勾选该单选框，可调整图像中的颜色饱和度。选择该项后，左下角的缩略图会变成只用于调整饱和度的缩略图，如果同时勾选"显示修剪"复选框，当调整效果超出了最大的颜色饱和度时，颜色可能会被剪切并以霓虹灯效果显示图像。

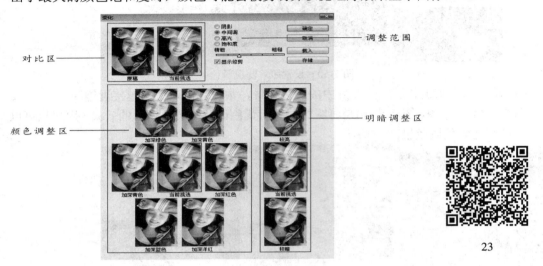

图 7-52　"变化"对话框

(5) 精细/粗糙：用来控制每次调整图像的幅度，滑块每移动一格可使调整数量成倍地增加。

(6) 显示修剪：勾选该复选框，在图像中因过度调整而无法显示的区域将以霓虹灯效果显示。在调整中间色调时不会显示出该效果。

如图 7-53 所示，是使用变化命令调整前后的效果对比。对原图缩略图单击可以累积添加调整效果。例如：单击"加深洋红"两次，将应用两次调整。在每单击一个缩略图时，其他缩略图都会改。"变化"对话框中的"当前挑选"缩略图始终反映调整后 Photoshop CS6 图像的情况。

(a) 原图效果　　　　　(b) 使用变化命令调整后的效果

图 7-53　使用变化调整前后的效果对比

7.4.8　可选颜色

使用"可选颜色"命令可以调整任何主要颜色中的印刷色数量而不影响其他颜色。例如，在调整"红色"颜色中的"黄色"的数量多少后，不影响"黄色"在其他主色调中的数量，从而可以对颜色进行校正与调整。调整方法是：选择要调整的颜色，再拖动该颜色中的调整滑块即可完成。

执行"图像"→"调整"→"可选颜色"命令，会打开如图 7-54 所示的"可选颜色"对话框。该对话框中各项的含义如下。

(1) 颜色：在下拉列表中可以选择要进行调整的颜色，如图 7-55 所示。

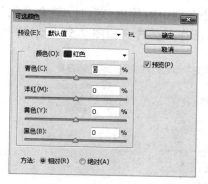

图 7-54　"可选颜色"对话框　　　　　图 7-55　颜色下拉列表

(2) 调整选择的颜色：输入数值或拖动控制滑块改变青色、洋红、黄色和黑色的含量。

(3) 相对：勾选该单选框，可按照总量的百分比调整当前的青色、洋红、黄色和黑色的含量。

(4) 绝对：勾选该单选框，可对青色、洋红、黄色和黑色的含量采用绝对值调整。

25

如图 7-56 所示，是使用可选颜色调整前后的效果对比。

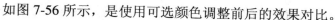

　　(a) 原图效果　　　　　　　　(b) 可选颜色调整　　　　　(c) 使用可选颜色调整青色后

图 7-56　使用可选颜色调整前后效果对比

7.5　其 他 调 整

Photoshop CS6 软件提供的其他调整功能可以作为色调调整和自定义调整的一个补充。

7.5.1　匹配颜色

1. 匹配颜色对话框含义

使用"匹配颜色"命令可以匹配不同图像、多个图层或多个选区之间的颜色，使其保持一致。当一个图像中的某些颜色与另一个图像中的颜色一致时，该命令的作用非常明显。执行"图像"→"调整"→"匹配颜色"命令，会打开如图 7-57 所示的"匹配颜色"对话框。

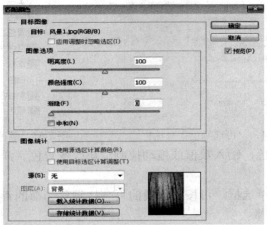

图 7-57　"匹配颜色"对话框

该对话框中各项的含义如下。

(1) 目标图像：目标图像就是当前打开的工作图像，其中的"应用调整时忽略选区"复选框指的是在调整图像时会忽略当前选区的存在，只对整个图像起作用。

(2) 图像选项：调整被匹配图像的选项。

① 明亮度：控制当前目标图像的明暗度。当数值为 100 时，目标图像将会与源图像拥有一样的亮度；当数值变小时图像会变暗；当数值变大时图像会变亮。

② 颜色强度：控制当前目标图像的饱和度，数值越大，饱和度越强。

③ 渐隐：控制当前目标图像的调整强度，数值越大，调整的强度越弱。

④ 中和：勾选该复选框可消除图像中的色偏。

(3) 图像统计：设置匹配与被匹配的相关选项。

① 使用源选区计算颜色：如果在源图像中存在选区，则勾选该复选框，可对源图像选区中的颜色进行计算调整；不勾选该复选框，则会使用整幅图像进行匹配。

② 使用目标选区计算调整：如果在目标图像中存在选区，勾选该复选框，可以对目标选区进行计算调整。

③ 源：在下拉菜单中可以选择用来与目标相匹配的源图像。

④ 图层：用来选择匹配图像的图层。

⑤ 载入统计数据：单击此按钮，可以打开"载入"对话框，找到已存在的调整文件。此时，无需在 Photoshop 中打开源图像文件，就可以对目标文件进行匹配。

⑥ 存储统计数据：单击此按钮，可以将设置完成的当前文件进行保存。

2. "匹配颜色"命令调整

使用"匹配颜色"命令调整图像的操作步骤如下：

(1) 执行"文件"→"打开"命令或按组合键 Ctrl + O，打开自己喜欢的两个不同的素材，如图 7-58 和图 7-59 所示。

　　　　图 7-58　风景 1　　　　　　　　图 7-59　风景 2　　　　　　　　26

(2) 打开素材后选择"风景 1"，打开"匹配颜色"对话框，在"源"下拉列表中选择"风景 2"，再调整"图像选项"的参数，如图 7-60 所示。

　　图 7-60　"匹配颜色"对话框　　　　图 7-61　匹配颜色后效果　　　　27

(3) 设置完毕单击"确定"按钮，效果如图 7-61 所示。

7.5.2　替换颜色

使用"替换颜色"命令可以将图像中的某种颜色提出并替换成另外的颜色，原理是在图像中基于一种特定的颜色创建一个临时蒙版，然后替换图像中的特定颜色。在菜单栏中执行"图像"→"调整"→"替换颜色"命令，会打开"替换颜色"对话框，如图 7-62 所示。

图 7-62　"替换颜色"对话框

该对话框中各项的含义如下。

(1) 本地化颜色簇：勾选此复选框时，设置替换范围会被集中在选取点的周围。

(2) 颜色容差：用来设置被替换的颜色的选取范围。数值越大，颜色的选取范围就越广；数值越小，颜色的选取范围就越窄。

(3) 选区：勾选该单选框，将在预览框中显示蒙版。未蒙版的区域显示白色，就是选取的范围；蒙版的区域显示黑色，就是未选取的区域；部分被蒙版区域(覆盖有半透明蒙版)会根据不透明度而显示不同亮度的灰色。

(4) 图像：勾选该单选框，将在预览框中显示图像。

(5) 替换：用来设置替换后的颜色。

图 7-63 所示为使用替换颜色前后的效果对比。

28

(a) 原图效果

(b) 替换颜色后的效果

图 7-63　替换颜色前后的效果对比

7.5.3　阴影/高光

　　使用"阴影/高光"命令主要是修整在强背光条件下拍摄的照片。在菜单栏中执行"图像"→"调整"→"阴影/高光"命令，会打开如图 7-64(a)所示的"阴影/高光"对话框。该对话框中各项的含义如下。

　　(1) 阴影：用来设置暗部在图像中所占的数量多少。

　　(2) 高光：用来设置亮部在图像中所占的数量多少。

　　(3) 显示更多选项：勾选该复选框可以显示"阴影/高光"对话框的详细内容，如图 7-64(b)所示。

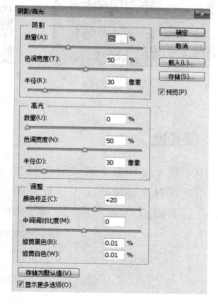

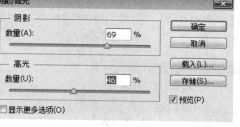

(a)　"阴影/高光"对话框　　　　　(b)　"阴影/高光"对话框详细内容

图 7-64　"阴影/高光"对话框

　　① 数量：用来调整"阴影"或"高光"的浓度。"阴影"的"数量"越大，图像上的暗部就越亮；"高光"的"数量"越大，图像上的亮部就越暗。

② 色调宽度：用来调整"阴影"或"高光"的色调范围。"阴影"的"色调宽度"数值越小，调整的范围就越集中于暗部；"高光"的"色调宽度"数值越小，调整的范围就越集中于亮部。当"阴影"或"高光"的值太大时，也可能会出现色晕。

③ 半径：用来调整每个像素周围的局部相邻像素的大小，相邻像素用来确定像素是在"阴影"还是在"高光"中。通过调整"半径"值，可获得焦点对比度与背景相比的焦点的级差加亮(或变暗)之间的最佳平衡。

④ 颜色校正：用来校正图像中已做调整的区域色彩。数值越大，色彩饱和度就越高；数值越小，色彩饱和度就越低。

⑤ 中间调对比度：用来校正图像中中间调的对比度。数值越大，对比度就越高；数值越小，对比度就越低。

⑥ 修剪黑色/白色：用来设置在图像中会将多少阴影或高光剪切到新的极端阴影(色阶为 0)和高光(色阶为 255)颜色。数值越大，生成图像的对比度越强，但会丢失图像细节。

图 7-65 所示是调整阴影/高光前后的效果对比。

29

　　　(a) 原图效果　　　　　　　　(b) 调整阴影/高光后效果

图 7-65　阴影/高光调整效果

7.5.4　曝光度

使用"曝光度"命令可以调整 HDR 图像的色调，图片可以是 8 位或 16 位图像，可以对曝光不足或曝光过度的图像进行调整。执行菜单中的"图像"→"调整"→"曝光度"命令，会打开如图 7-66 所示的"曝光度"对话框。

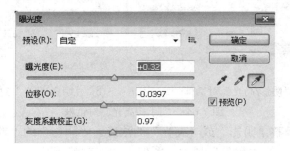

图 7-66　"曝光度"对话框

该对话框中各项的含义如下。

(1) 曝光度：用来调整色调范围的高光端，该选项可对极限阴影产生轻微影响。

(2) 位移：用来使阴影和中间调变暗，该选项可对高光产生轻微影响。

(3) 灰度系数校正：用来设置高光与阴影之间的差异。

图 7-67 所示为调整曝光度前后的效果对比。

30

　　　　(a) 原图效果　　　　　　　　　　　　(b) 调整曝光度后效果

图 7-67　调整曝光度前后的效果对比

7.5.5　HDR 色调

使用"HDR 色调"命令可以对图像的边缘光、色调和细节、颜色等进行更加细致的调整，可用来修补太亮或太暗的图像，制作出高动态范围的 Photoshop CS6 图像效果。

执行菜单中的"图像"→"调整"→"HDR 色调"命令，会打开如图 7-68 所示的"HDR色调"对话框。

该对话框中各项的含义如下。

(1) 预设：在下拉菜单中可以选择系统预设的选项。

(2) 方法：在下拉菜单中可以选择图像的调整方法，其中包括曝光度和灰度系数、高光压缩、局部适应和色调均化直方图。选择不同的方法时对话框也会有所不同。

(3) 边缘光：用来设置照片的发光效果的区域大小和对比度。

① 半径：用来设置发光效果的大小。

② 强度：用来设置发光效果的对比度。

(4) 色调和细节：用来调整照片光影部分。

① 细节：用来设置查找图像的细节。

② 阴影：调整阴影部分的明暗度。

③ 高光：调整高光部分的明暗度。

(5) 颜色：用来调整照片的色彩。

① 自然饱和度：可以对图像进行灰色调到饱和色调的调整，用于提升饱和度不够的图片或调整出非常优雅的灰色调，取值范围是 –100～100，数值越大色彩越浓烈。

② 饱和度：用来设置图像色彩的浓度。

(6) 色调曲线和直方图：用曲线直方图的方式对图像进行色彩与亮度的调整。

以图 7-68 显示的参数调整 HDR 色调，效果如图 7-69 所示。

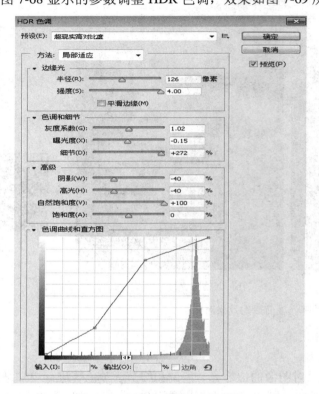

31

图 7-68   "HDR 色调"对话框

(a) 原图效果   (b) 调整 HDR 色调后效果

图 7-69   HDR 色调调整效果

第 8 章　滤镜知识

8.1　滤镜的概述

滤镜功能是 Photoshop 的精华和核心，Photoshop 不仅内置滤镜种类繁多，而且支持非 Adobe 公司开发的外挂滤镜，并将外挂滤镜显示在滤镜菜单最下面。也可以根据需要开发自己的滤镜。使用滤镜可以使图像产生各种奇妙的效果。滤镜的组合运用更是能产生出千变万化的图像，而且方便快捷。

1. 滤镜的一般使用过程

要使用一种滤镜，从滤镜菜单选取相应的子菜单命令即可。使用滤镜的具体步骤如下：

(1) 要在图层的某一区域应用滤镜，先选择该区域；要对整个图层应用滤镜，不对图像作任何选择。

(2) 从滤镜菜单的子菜单中选取相应的滤镜。

(3) 如果对话框包含预览窗口，按以下方法操作：

① 在图像窗口单击，以使图像的指定区域成为预览窗口的中心。

② 在预览窗口拖移，以使图像的指定区域成为预览窗口的中心。

③ 使用预览窗口下的 "+" 或 "–" 按钮可以放大或缩小预览图。

(4) 如果 "预览" 选项可用，选择此选项以在整个图像上预览滤镜效果。

(5) 单击 "好" 按钮即可应用该滤镜。

2. 滤镜使用技巧

下面是一些使用滤镜的技巧：

(1) 滤镜应用于现用的可见图层。

(2) 最后一次选择的滤镜出现在滤镜菜单的顶部。

(3) 使用滤镜时，首先要确定的是工作范围，否则滤镜将应用于当前图层。

(4) 使用陌生的滤镜时，可以将其参数值设小一点，然后反复使用 Ctrl + F 键重复执行该滤镜，直至效果满意为止。当然可以反复使用 Ctrl + Z 键来消退该滤镜效果，起到前后效果对比的作用。

(5) 滤镜不能应用于位图模式、索引颜色或 16 位通道图像。

(6) 一些滤镜只能用于 RGB 图像。

(7) 应用滤镜，尤其对大图像应用滤镜非常耗时。为了在使用不同滤镜时节省时间，可先在图像的局部试用。

8.2　滤　镜　库

　　"滤镜库"命令将常用的滤镜组拼嵌到一个调板中，以折叠菜单的方式显示出来，并且可以直接观看每一个滤镜的预览效果，十分方便。

　　打开一幅图像，执行"滤镜"→"滤镜库"命令，弹出如图 8-1 所示的对话框。在对话框的左边是所要进行滤镜处理的图片预览，中部为滤镜列表，每个滤镜组下面包含了很多有特色的滤镜，单击每个滤镜，都会在窗口的右边出现相应的参数设置。

图 8-1　"滤镜库"对话框

8.3　自适应广角滤镜

　　使用自适应广角滤镜可以校正由于使用广角镜头而造成的镜头扭曲，可以快速拉直在全景图或采用鱼眼镜头和广角镜头拍摄的照片中看起来弯曲的线条。例如，建筑物在使用广角镜头拍摄时会看起来向内倾斜。

　　滤镜可以检测相机和镜头型号，并使用镜头特性拉直图像。可以添加多个约束，以指示图片的不同部分中的直线。图 8-2 所示的原图是一幅风景照片，由于超广角镜头造成了典型的建筑多重形变， 使用自适应广角滤镜进行处理之后，即可得到一张没有变形的照片。

(a) 原图效果　　　　　　　　　　　　　　　(b) 自适应广角滤镜拉直效果

(c) 裁剪后效果

图 8-2　自适应广角滤镜效果

8.4　镜头校正滤镜

　　在拍摄建筑时，经常会碰到透视变形现象，最好的解决办法是使用移轴镜头拍摄，但造价不菲的移轴镜头不是人人都轻易拥有或经常用到的。可以借助 PS 强大的滤镜功能，轻松解决透视变形问题。"镜头校正"滤镜根据各种相机与镜头的测量自动校正，可以轻易消除桶状和枕状变形、相片周边暗角，以及造成边缘出现彩色光晕的色相差。

　　图 8-3 原图是一幅风景照片，由于超广角镜、近摄距造成了典型多重形变建筑，使用镜头校正之后得到的是完全没有变形的照片效果。

(a) 原图效果　　　　　　　　　　　　　　　(b) 镜头校正效果

图 8-3　镜头校正滤镜效果

8.5　液化滤镜

　　"液化"滤镜可用于推、拉、旋转、反射、折叠和膨胀图像的任何区域。创建的扭曲效果可以是细微的或剧烈的。所以"液化"滤镜是创建艺术效果的强大工具之一。

　　打开一幅图像，执行"滤镜"→"液化"命令，在弹出对话框中，使用"向前变形"工具，按住鼠标左键在图像窗口中进行拖动，可制作弯曲的效果，如图 8-4 所示。

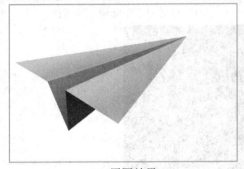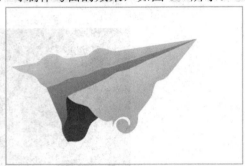

(a) 原图效果　　　　　　　　　　　(b) 使用液化滤镜效果

图 8-4　液化效果

8.6　油画滤镜

　　油画滤镜允许将照片转换为具有经典油画视觉效果的图像。借助几个简单的滑块，就可以调整描边样式的数量、画笔比例、描边清洁度和其他参数。图 8-5 为使用油画滤镜前后的效果对比。

(a) 原图效果　　　　　　　　　　(b) 使用油画滤镜效果

图 8-5　油画效果

8.7　消失点滤镜

使用"消失点"滤镜命令中的工具可以在创建的图像选区内进行克隆、喷绘、粘贴图像等操作。所做的操作会自动应用透视原理，按照透视的比例和角度自动计算，自动适应对图像的修改，大大节约了精确设计和制作多面立体效果所需的时间。使用"消失点"命令还可以将图像依附到三维图像上，系统会自动计算图像的各个面的透视程度。图 8-6(a)、(b)分别为原图效果及使用消失点滤镜之后效果。

(a)　原图效果　　　　　　　　　　(b)　使用消失点滤镜效果

图 8-6　使用消失点滤镜前后的效果对比

8.8　智　能　滤　镜

在 Photoshop CS6 中，智能滤镜可以在不破坏图像本身像素的条件下为图层添加滤镜效果，在图层调板中的显示就好比是图层样式，单击滤镜对应的名称可以重新打开"滤镜"对话框对其进行更符合主题的设置。

1. 创建智能滤镜

对图层调板中的图层应用滤镜后，原来的图像将会被取代，图层调板中的智能对象可以直接将滤镜添加到图像中，但是不破坏图像本身的像素。

创建智能滤镜的具体步骤如下：

(1) 执行菜单中的"图层"→"智能对象"→"转换为智能对象"命令，即可将普通图层或背景图层变成智能对象，或执行菜单中的"滤镜"→"转换为智能滤镜"命令，此时会弹出如图 8-7 所示的提示对话框。

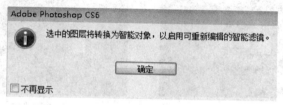

图 8-7　提示对话框

(2) 单击"确定"按钮，即可将当前图层转换成智能对象图层，再执行相应的滤镜命令，就会在图层调板中看到该滤镜显示在智能滤镜的下方，如图 8-8 所示。

图 8-8　智能滤镜

2. 编辑智能滤镜混合选项

在应用的滤镜效果名称上单击鼠标右键，在弹出的菜单中选择编辑智能滤镜混合选项，或双击 ，即可打开"混合选项"对话框，在该对话框中可以设置该滤镜在图层中的不透明度，如图 8-9 所示。

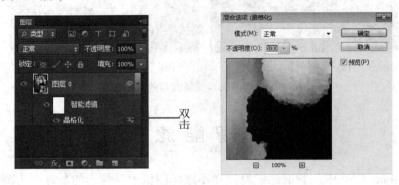

图 8-9　"混合选项"对话框

3. 停用/启用智能滤镜

在图层调板中应用智能滤镜后，执行菜单中的"图层"→"智能滤镜"→"停用智能滤镜"命令，即可将当前使用的"智能滤镜"效果隐藏，还原图像原来的品质。此时"智能滤镜"子菜单中的"停用智能滤镜"命令变成"启用智能滤镜"命令，执行此命令即可启用智能滤镜，如图 8-10 所示。

(a) 停用智能滤镜　　　　　(b) 启用智能滤镜

图 8-10　"混合选项"对话框

第 9 章　动作与自动化

9.1　动 作 调 板

　　Photoshop CS6 中的"动作"是多个按顺序执行的命令的集合体。通过运行"动作"，Photoshop CS6 可以快速自动地执行多个录制在"动作"中的命令，从而大大提高工作效率。

　　在 Photoshop CS6 中进行有关动作的操作，大多数都与动作调板相关，因此要完全掌握动作，必须先掌握此调板的参数。

　　选择菜单"窗口"→"动作"命令，将显示如图 9-1 所示的动作调板，在面板中储存有软件预设的动作，对动作的编辑管理等操作也都需要在此面板中进行。

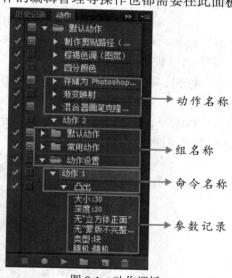

图 9-1　动作调板

9.2　批 处 理 过 程

1. 新建动作

　　在动作调板中可以自行定义一些自己喜欢的动作到调板中以备后用。新建动作的步骤如下：

　　(1) 执行菜单中的"文件"→"打开"命令或按组合键 Ctrl + O，打开一幅素材，如图 9-2 所示。

（2）执行菜单中的"窗口"→"动作"命令，打开动作调板，单击"新建动作"按钮，打开"新建动作"对话框，设置"名称"为"风格化"，颜色为"黄色"，如图 9-3 所示。

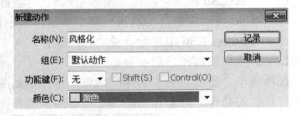

　　　　图 9-2　素材图像　　　　　　　　图 9-3　"新建动作"对话框

（3）设置完毕单击"记录"按钮，执行菜单中的"滤镜"→"风格化"→"凸出"命令，打开"凸出"对话框，其中的参数值设置如图 9-4 所示。

（4）设置完毕单击"确定"按钮，再单击"停止播放"→"记录"命令，此时即可完成动作的创建，效果如图 9-5 所示。

（5）此时在动作调板中就可以看见创建的"凸出"动作，转换到"按钮模式"会发现"凸出"动作以蓝色按钮形式出现在调板中。

　　　图 9-4　"凸出"对话框　　　　　　图 9-5　"开始/停止记录"对话框

2. 应用已有动作

在动作调板中创建动作后，可以将其应用到其他图像中，应用方法如下：

（1）执行菜单中的"文件"→"打开"命令或按组合键 **Ctrl + O**，打开一幅素材，如图 9-6 所示。

（2）在动作调板中选择之前创建的"凸出"动作，单击"播放选定的动作"。

（3）此时就会看到素材应用了"凸出"动作，效果如图 9-7 所示。

图 9-6　素材图片

图 9-7　应用动作效果

3. 录制新动作

大多数情况下用户需要创建自定义的动作以满足不同的工作需求。

创建新动作的操作步骤如下：

（1）单击动作调板底部的"创建新组"按钮，在弹出的"新建组"对话框中输入组名称后单击"确定"按钮。

（2）单击动作调板中的"创建新动作"按钮，或单击动作调板右上方的小三角形按钮，在弹出的下拉菜单中选择"新建动作"命令，弹出如图 9-8 所示的对话框。

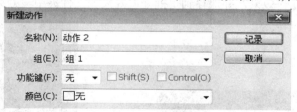

图 9-8　"新建动作"对话框

（3）设置"新建动作"对话框中的参数后，单击"记录"按钮，此时"开始记录"按钮被自动被激活显示为红色，表示进入动作的录制阶段。

（4）选择需要录制在当前动作中的若干命令，如果这些命令有参数，就需要按情况设置其参数。

（5）执行所有需要的操作后，单击"停止记录"按钮。此时，动作调板中将显示录制的新动作。

4. 批处理

"批处理"命令能够对指定文件夹中的所有图像文件执行指定的动作。例如，如果希望将某一个文件夹中的所有图像文件转存成为 TIFF 格式的文件，只需要录制一个相应的动作并在"批处理"命令中为要处理的图像指定这个动作，即可快速完成这个任务。

应用"批处理"命令进行批处理的具体操作步骤如下：

(1) 录制要完成指定任务的动作，选择菜单"文件"→"自动"→"批处理"命令，弹出如图 9-9 所示的对话框。

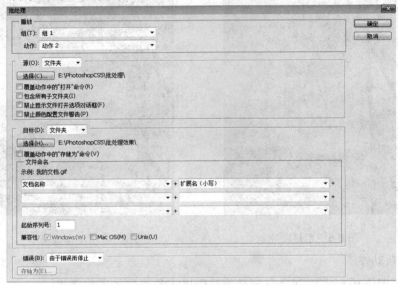

图 9-9   "批处理"对话框

(2) 从"播放"选项组的"组"和"动作"下拉列表框中选择需要应用动作所在的"组"及此动作的名称。

(3) "源"下拉列表框中选择要应用"批处理"的文件。

(4) 全都设置完毕后，单击"批处理"对话框中的"确定"按钮，即可对"批处理"文件执行"动作 2"中的动作效果，并保存到"批处理效果"文件夹中，效果如图 9-10 所示。

图 9-10   批处理效果

案例篇

一　制图操作案例

案例　1 寸照片的排布/批量制作 1 寸照片

【案例分析】

　　本案例通过 1 寸证件照编辑处理和排版的步骤讲解，引导读者掌握画布、图像大小和分辨率之间的关系，以及通过动作命令完成相同规格照片的批处理的方法。

图 S1-1　1 寸证件照　原图

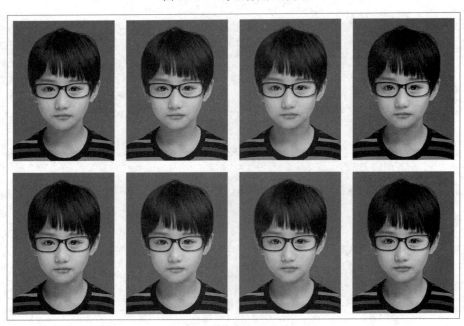

图 S1-2　1 寸证件照 8 张排版　效果图

步骤一：在 Photoshop 中打开证件照原图，如图 S1-3 所示。

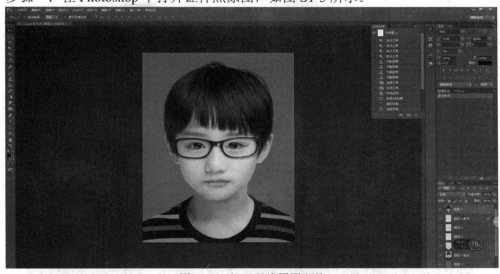

图 S1-3　打开照片原图文件

步骤二：单击选择菜单"图像"→"图像大小"(或按组合键 Alt + Ctrl + I，或右键单击"标题栏"→"图像大小")，可见"图像大小"设置弹窗，如图 S1-4。

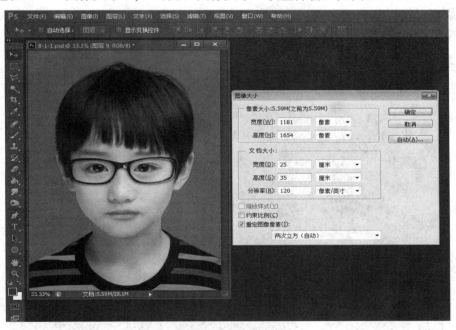

图 S1-4　"图像大小"设置弹窗

步骤三：输出参数重设。

在图像大小设置的弹窗中可见照片原图尺寸的具体参数为 1181×1654 像素，而 1 寸证件照的标准大小是 295×413 像素，以厘米表示则为 2.5×3.5 厘米。若要保证照片输出后清晰度足够高，还需要调整将 120 像素/英寸的分辨率重新设置成 300 像素/英寸方能符合证件照的输出标准。(注意：为保证照片的长宽比例不变，须勾选约束比例，若原图与 1

寸照片的长宽比例不等，则须裁切多出部分。)图像大小及分辨率设置如图 S1-5 所示。

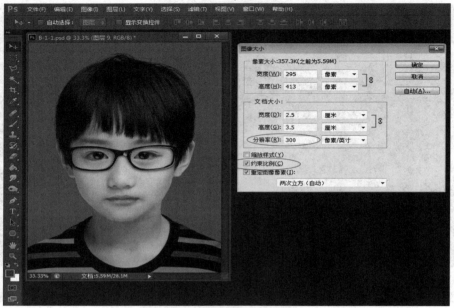

图 S1-5　图像大小、分辨率重设

步骤四：设置白边。

白边的预留让照片更美观，也方便裁切，可以通过菜单"图像"→"画布大小"(或按组合键 Alt + Ctrl + C，或右键单击"标题栏"→"画布大小")进行调整，在画布大小设置弹窗中，设置画布的扩展背景颜色为白色，勾选"相对"选项，白边一般预留 0.25 厘米即可，如图 S1-6 所示。

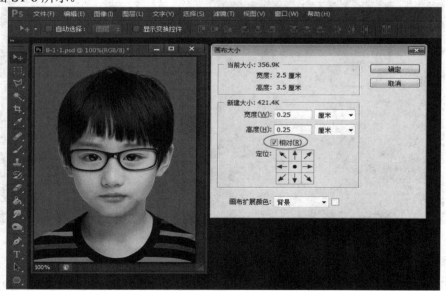

图 S1-6　设置白边

步骤五：应用画布大小设置后的效果，如图 S1-7 所示，单张证件照片的标准设定完成。

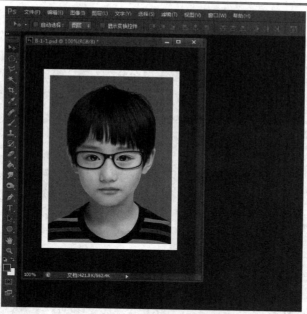

图 S1-7 白边效果

步骤六：定义图案。

为规范整版八张证件照，须先将设置好的照片定义为图案，单击选择菜单"编辑"→"定义图案"，如图 S1-8 所示。

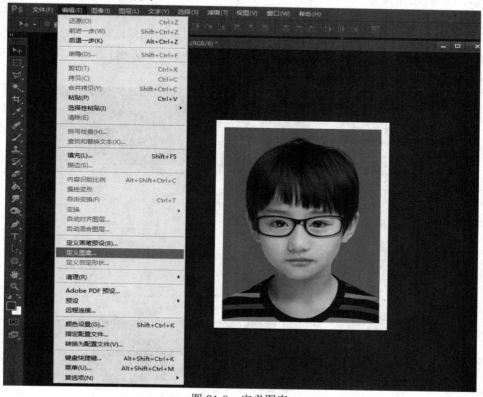

图 S1-8 定义图案

步骤七：设置图案名称。

在"图案名称"弹窗中可设置图案名称，按默认亦可，单击"确定"，如图 S1-9 所示。

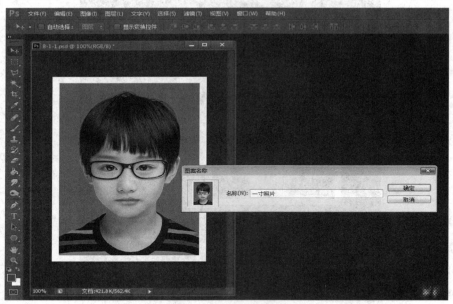

图 S1-9　"图案名称"弹窗

步骤八：新建能容纳 4×2 共 8 张 1 寸证件照的空白文档。

因为预留了白边，所以要查看一下加了白边后的 1 寸证件照大小，可以重新选择菜单"图像"→"图像大小"查看，从设置窗口中可见预留白边后图像的像素大小为 325×443，计算得出 8 张照片的文档大小为 1300×886 像素，如图 S1-10 所示。(注意：新建文件的分辨率与单张证件照的分辨率保持一致——300 像素/英寸。)

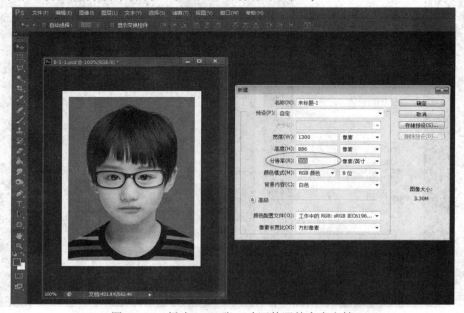

图 S1-10　新建 4×2 张 1 寸证件照的空白文档

步骤九：单击选择菜单"编辑"→"填充"(或按组合键 Shift + F5，或单击油漆桶工具均可)，如图 S1-11 所示。

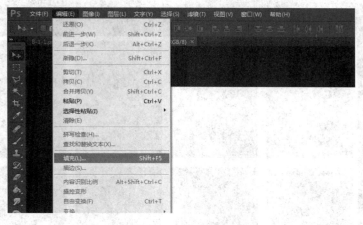

图 S1-11　选择填充

步骤十：在填充弹窗中设置内容使用为"图案"，同时在自定图案的下拉框中选择预先定义好的图案，如图 S1-12 所示。(注意：若使用油漆桶工具填充，则在属性选项栏中设置图案填充，如图 S1-13 所示。)

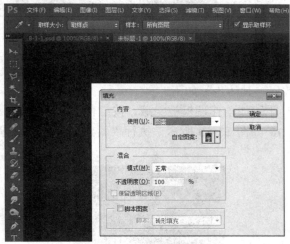

图 S1-12　填充弹窗

图 S1-13　油漆桶属性选项栏设定图案填充

步骤十一：单击"确定应用填充"后即可看到填充后的效果，如图 S1-14 所示。

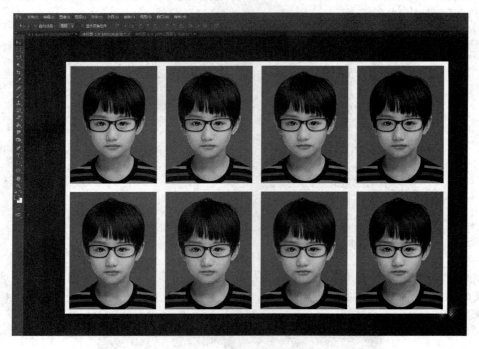

图 S1-14　应用填充完成

步骤十二：保存文件，完成整个 8 张 1 寸证件照的排版。

在实际的应用中，可以将上述证件照编排的整个过程录制成动作，以大幅度提高同类尺寸照片的排版工作效率。具体步骤如下。

步骤一：点击动作调板(如动作调板被隐藏，按组合键 Alt + F9 可弹出，或单击选择菜单"窗口"→"动作")，如图 S1-15 所示，执行"新建组"→"新建动作"，如图 S1-16 所示。

图 S1-15　动作调板

图 S1-16　新建组、新建动作

步骤二：录制动作。(注意：录制 1 寸照编辑、排版制作的过程中，尽可能把步骤简化到最少。)

(1) 如图 S1-17 所示，打开 1 寸照片，目标尺寸为 295×413 像素，照片尺寸最好是大于目标尺寸，以免因为小片放大产生噪点而造成图片效果失真。

图 S1-17　素材图像

(2) 如图 S1-18 所示，单击选择菜单"图像"→"图像大小"，在弹窗中勾选"约束比例"选项(本步骤非常重要，否则不同比例照片的长宽比会被改变而导致失真)。可优先按比例将照片的一边调整至标准值，另一边则高于标准值以便于裁切。

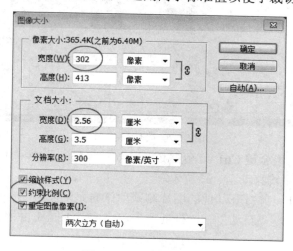

图 S1-18　设置图像大小

(3) 将剪裁工具预设为 295×413 标准像素、分辨率 300，完成剪裁。

(4) 修改"画布大小"。如图 S1-19 所示，双击背景层解锁之后新建图层，并将新的透明图层移至最下方，点击菜单"图像"→"画布大小"(或按组合键 Alt + Ctrl + C，或右键单击"标题栏"→"画布大小")，设置大小为 1300×886 像素以编排 8 张照片。

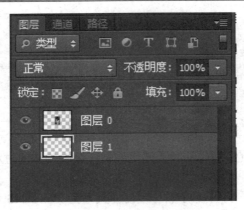

图 S1-19　修改画布大小

(5) 设置参考线，如图 S1-20 所示。

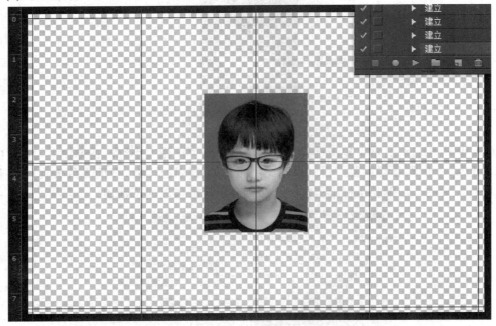

图 S1-20　设置参考线

(6) 复制图层。按组合键 Ctrl + J 复制照片 7 次，得到 8 张 1 寸照片。利用参考线的吸附对齐功能，将照片平均移动至合适位置。

(7) 停止录制动作，并打开其他的图片测试动作的完整性。

(8) 点击"文件"→"自动"→"批处理"，完成对不同 1 寸照片的 8 张排版的批量制作。

二 图层样式、矢量形状工具案例

案例 1 制作玻璃按钮

【案例分析】

玻璃按钮非常多地应用于网页、界面设计中，本案例通过玻璃按钮的制作步骤讲解，使读者重点掌握图层样式工具、命令的使用方法。

步骤一：执行菜单"文件"→"新建"(或按组合键 Ctrl + N)，弹出新建对话框，文件名称设置为"玻璃按钮"，宽度为 600 像素，高度为 400 像素，分辨率为 72 像素/英寸，颜色模式为 RGB 颜色、8 位，背景内容为白色，设置完毕后单击"确定"按钮，如图 S2-1 所示。

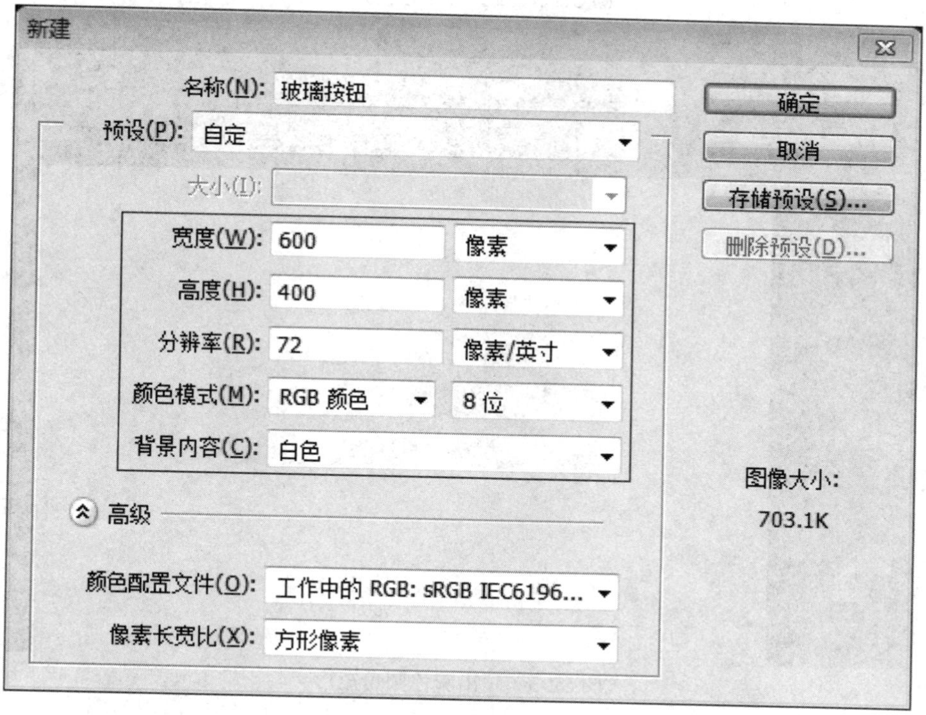

图 S2-1 新建文件

步骤二：在图层面板上创建新图层。

新建图层 1，设置前景色为灰色(也可以设为其他任何色彩)，R、G、B 值均设为 200，如图 S2-2 所示。在工具箱中选择圆角矩形工具(注意：在属性选项栏选择路径，设定圆角半径参数为 20 像素)，在工作区拖出一个圆角矩形，按组合键 Ctrl + Enter 将路径转换为选区，按组合键 Alt + Delete 填充当前色后按组合键 Ctrl + D 取消选区，如图 S2-3 所示。

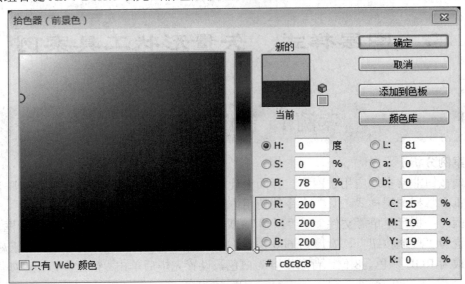

图 S2-2　设置前景色为中灰

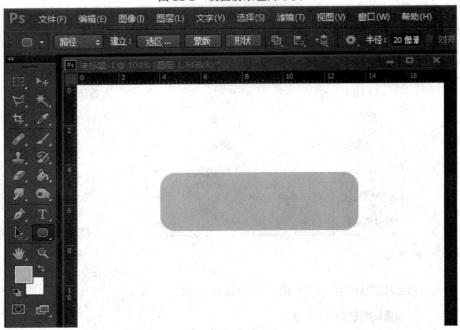

图 S2-3　画出灰色圆角矩形

步骤三：设置图层样式。

双击图层 1(或右键单击图层 1 选择混合选项，进入到图层样式)，分别勾选"投影"、"外发光"、"内发光"、"斜面与浮雕"、"光泽"、"渐变叠加"选项，参考图 S2-4～图 S2-8 所示设置图层样式各项参数，然后点击"确定"按钮。图层样式设定效果如图 S2-9所示

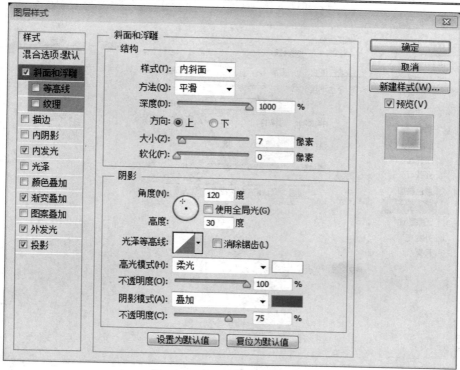

图 S2-4　斜面和浮雕参数设定

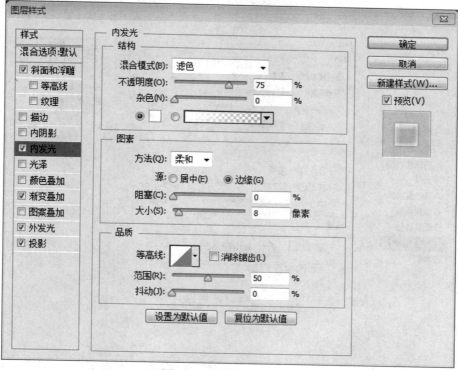

图 S2-5　内发光参数设定

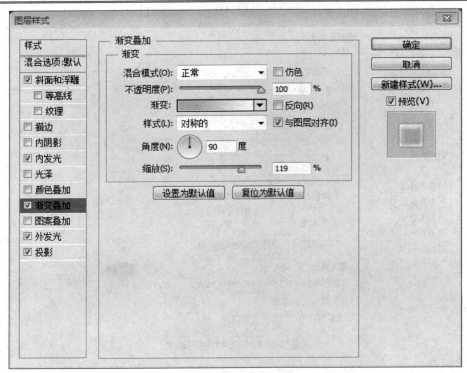

图 S2-6　渐变叠加参数设定

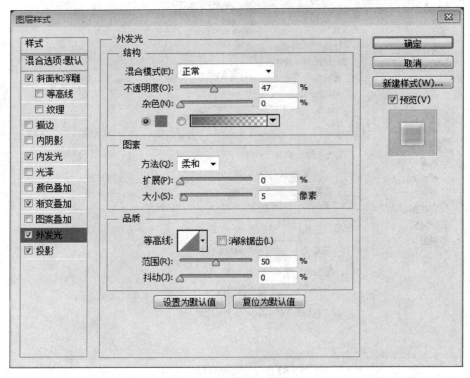

图 S2-7　外发光参数设定

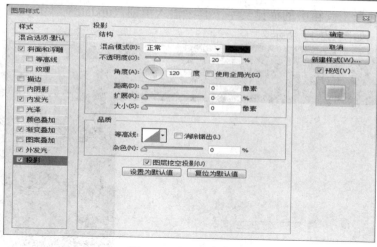

图 S2-8 投影参数设定

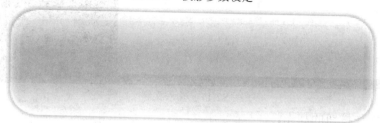

图 S2-9 图层样式设定效果

步骤四：添加蒙版制作按钮倒影。

选择图层 1，按组合键 Ctrl + J 复制一个图层 1 副本，并给图层 1 副本添加图层蒙版制作按钮的镜面倒影，如图 S2-10 所示。

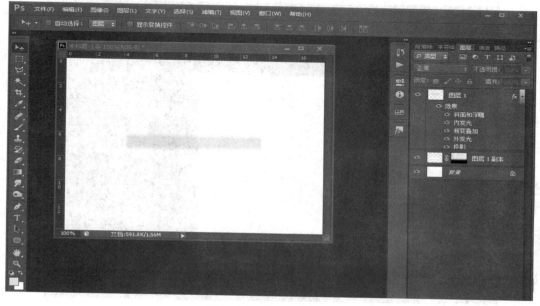

图 S2-10 制作按钮倒影

　　步骤五：选择工具箱中的横排文字工具，输入单词"update"，并在工具属性选项栏设置字体参数，如图 S2-11 所示。

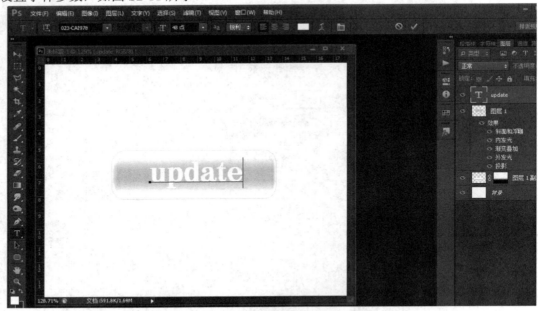

图 S2-11　输入文字

　　步骤六：制作按钮的高光。

　　如图 S2-12 所示，在图层控制面板中新建图层(或按组合键 Shift + Ctrl + N)，并选择钢笔工具，在工具属性状态栏中设置钢笔为路径，在按钮上绘制弧线形状，按组合键 Ctrl + Enter 转换为选区，设置前景色为白色，使用组合键 Alt + Delete 填充当前色，按组合键 Ctrl + D 取消选区，并设置不透明度为 30%，效果如图 S2-13 所示。

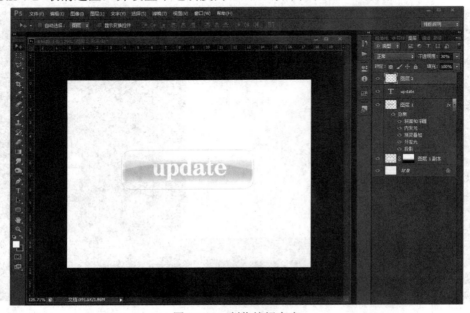

图 S2-12　制作按钮高光

图 S2-13　玻璃按钮完成效果

案例 2　利用矢量形状工具制作极简麦克风图标

【案例分析】

　　我们正身处于新读图时代，种类繁多的数字媒体、各种 APP 充斥着人们的日常生活，极简主义的图标简洁美观(如图 S2-14 所示)，线条简单，图形所要传达的意义明确直接。同时作为 UI 设计的基本出发点，极简图标在信息传达方面也独具优势。通过麦克风图标制作案例的讲解，旨在使读者掌握 Photoshop 中矢量形状工具的基本用法。极简图标一般的线条规格为 2px，强化线条为 3px。

图 S2-14　极简主义图标

步骤一：执行菜单"文件"→"新建"(或按组合键 Ctrl + N)新建文件，文件大小512 × 512 像素。

步骤二：用圆角矩形形状工具 　　　画出图标的圆角外框。形状工具参数及色彩设置参照图 S2-15 所示，在画布空白处双击鼠标左键，即弹出创建形状弹窗(如图 S2-16 所示)。

图 S2-15　圆角矩形形状参数设定

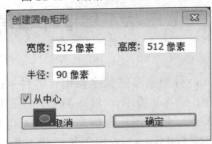

图 S2-16　创建圆角矩形

步骤三：使用椭圆形状工具 　　　将属性状态栏的填充和描边选项调整为隐藏填充，描边色彩设为白色，设置 10 点像素，宽、高均设为 350 像素，如图 S2-17 所示。之后在画布中双击鼠标左键画出圆形轮廓，如图 S2-18 所示。

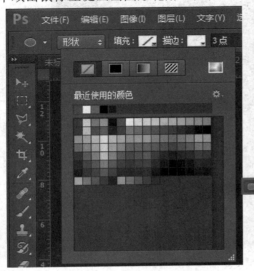

图 S2-17　圆形形状参数设定

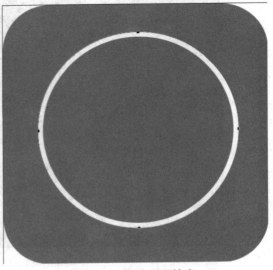

图 S2-18　描边圆形轮廓

步骤四：建立新图层，并用步骤三相同的方法画出圆角矩形，圆角半径参数为 60 像素，如图 S2-19 所示。(注：如需调整形状位置，可使用 ▷ 路径选择工具 位移。)

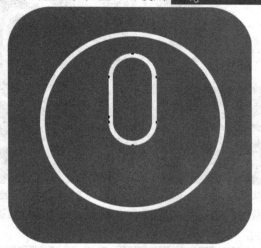

图 S2-19　描边圆角矩形

步骤五：使用组合键 Ctrl + J 复制圆角矩形图层，使用组合键 Ctrl + T 变换同比放大该图层副本，如图 S2-20 所示。

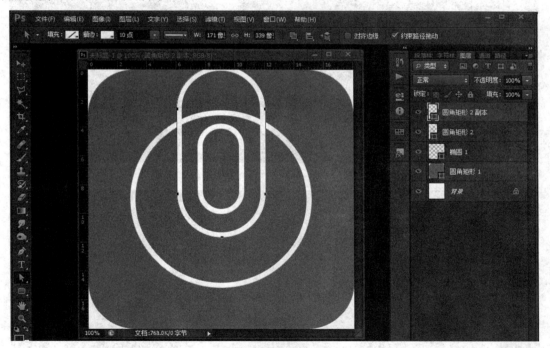

图 S2-20　复制圆角矩形图层

步骤六：用直接选择工具(如图 S2-21 所示)删除多余的路径锚点从而将封闭的路径线断开，并去除多余的路径线。(注意：在需要删除中间一段路径的时候，需要先用钢笔工具添加锚点，然后用直接选择工具选中进行删除，如图 S2-22 所示。)

图 S2-21　直接选择工具　　　　　　　图 S2-22　删除多余路径锚点

步骤七：调整路径描边的端点为圆角或直角样式，如图 S2-23 和图 S2-24 所示。(注意：同一图标的路径端点样式应当统一。)

图 S2-23　路径端点样式调整(1)

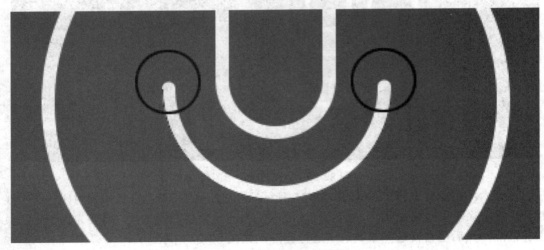

图 S2-24　路径端点样式调整(2)

　　步骤八：用钢笔工具画出麦克风图标底座，按 Enter 键确定路径绘制完成。可见图标整体不够端正，按 Ctrl 键选中除了背景之外的所有图层并居中对齐，如图 S2-25 所示。

图 S2-25　居中对齐

最终完成的极简麦克风图标效果如图 S2-26。

图 S2-26　最终完成效果

三　画笔、文本工具案例

案例　邮票与邮戳制作

【案例分析】

画笔是 Photoshop 中比较常用的工具，但要真正用好画笔工具并不容易。画笔属性复杂多样，而很多人只是应用了画笔的表面功能。设置本案例的目的在于使初学者熟悉并掌握画笔(橡皮擦)工具、文本工具调板(字号、字距、行距、字的高宽比等)的使用。

步骤一：使用组合键 Ctrl + N 新建文件并命名为"邮票"，高、宽及分辨率的设置如图 S3-1 所示。

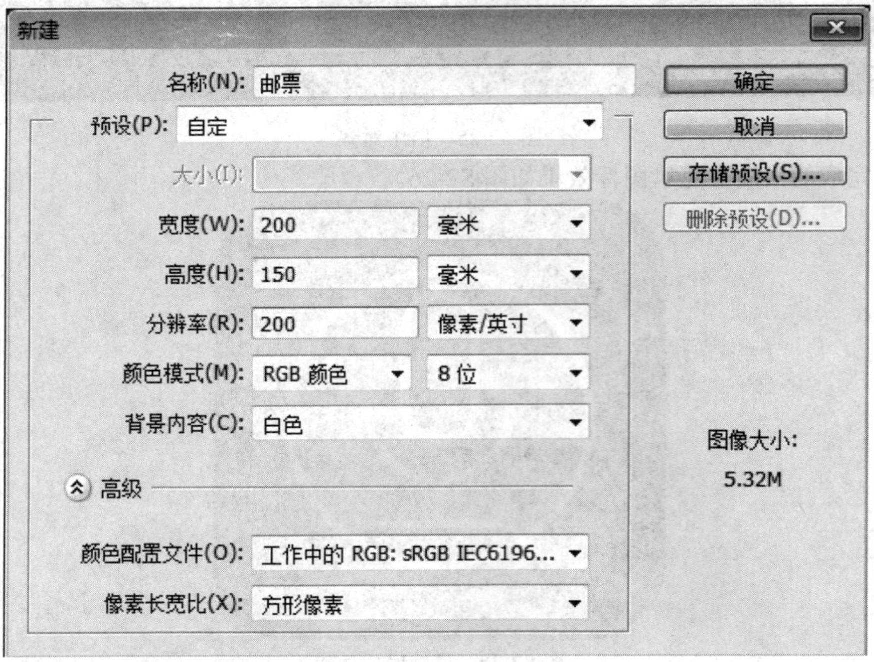

图 S3-1　新建文件

步骤二：选择准备做成邮票的图片，打开并使用移动工具将其拖至新建文件"邮票"中，并按组合键 Ctrl + T 将图片同比例调整到适当大小，点击 Enter 确认，如图 S3-2 所示。

图 S3-2　拖入邮票图片

步骤三：单击选中背景图层，按组合键 **Ctrl + I**(反相命令)，将背景变为黑色(提前为邮票白边可见做准备)，效果如图 S3-3 所示。

图 S3-3　背景反相命令

步骤四：按 Ctrl 键单击图层一缩览图，得到图层一选区。如图 S3-4 所示，点击选择"菜单"→"变换选区"，然后按住 Alt 键拖动鼠标改变选区到合适大小，单击 Enter 确认。

图 S3-4　变换选区

步骤五：在背景层和图层一之间新建图层二，按组合键 Ctrl + Delete 将选区内填充为白色，如图 S3-5 所示。

图 S3-5　建新图层

步骤六：打开路径调板，点击下面的"从选区生成工作路径"，得到工作路径，如图 S3-6 所示。

图 S3-6　从选区生成工作路径

步骤七：选择橡皮擦工具，点击工具栏最右边的"切换画笔调板"，如图 S3-7 所示，点选硬边笔，将大小和间距调整到合适参数。

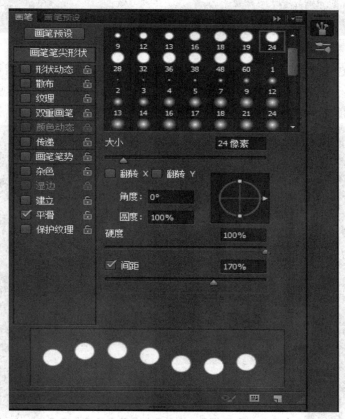

图 S3-7　调整笔触大小

步骤八：选中工具栏里的橡皮擦工具不变，单击路径调板下的"用画笔描边路径"(或直接按 Enter 键亦可)，擦出邮票的齿孔，如图 S3-8 所示。

图 S3-8　擦出邮票边缘齿孔

　　步骤九：按 Ctrl 键单击图层一缩览图，得到图层一选区。点击选区后按 Shift 键将选区垂直下移到与齿孔边缘等边位置处(如图 S3-9 所示)，再按下 Alt 键从选区中减去画面部分，新建图层三，将前景色设为灰色后填充选区(如图 S3-10 所示)。

图 S3-9　垂直移动选区

图 S3-10　减选并填充选区

步骤十：输入邮票文字，如图 S3-11 所示。

图 S3-11　输入邮票文字

步骤十一：制作邮戳。选择椭圆工具，勾选路径选项(见图 S3-12)，按组合键 Ctrl + Alt 拖动鼠标画出合适大小的圆形路径。然后选择画笔工具，将画笔半径调整到合适大小(见图 S3-13)，前景色设为红色后按 Enter 键描边路径，效果如图 S3-14。

图 S3-12　点选路径选项

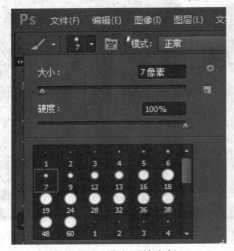

图 S3-13　设定画笔半径

图 S3-14　描边路径

　　步骤十二：选择文字工具，当光标移至路径变成 时单击，使文字"广西.北海"沿圆形路径排列(见图 S3-15)。按组合键 Ctrl + T 自由变换路径，再按 Shift + Alt 等比缩放文字，置于圆形路径内部(或者在字符调板中调整基线偏移参数以及字距调整参数，见图 S3-16)。

图 S3-15 文字按路径排列　　　　图 S3-16 字符调板

　　步骤十三：下围文字输入。为了让下围文字能够正向排列，在同一圆形路径上须逆向排列(如图 S3-17 所示)，在字符面板中调整基线偏移参数至 −163 点(见图 S3-18)。

图 S3-17 逆向排列下围文字

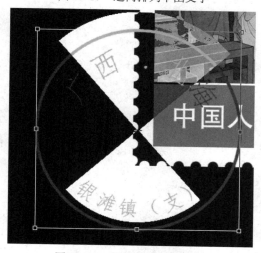

图 S3-18 调整基线偏移参数

步骤十四：水平输入邮戳日期并置于中央位置，绘制完成，最终效果如图 S3-19 所示。

图 S3-19 最终效果图

四　色彩调整案例

案例 1　使用调整调板调色

【案例分析】

本案例重点讲述调整调板的使用。调整调板包含 16 个不同的调整命令(亮度/对比度、色阶、曲线、曝光度、自然饱和度、色相/饱和度、色彩平衡、黑白、照片滤镜、通道混合器、颜色查找、反相、色调分离、闸值、可选颜色、渐变映射)，可在调色过程中根据不同的需求选择相应的调整命令，而原片图层并不会受到破坏和影响。图 S4-1 是严重偏色的原片与校正效果对比图。

32

图 S4-1　偏色原片与校正效果对比

步骤一：打开原片，执行"窗口"→"调整"，打开调整调板，如图 S4-2 所示。

图 S4-2　打开调整调板

步骤二：添加一个通道混和器(见图 S4-3)，由于原片偏黄，所以在通道混和器中需对红、绿、蓝输出通道分别进行调整。(注意：在调整人像色调的时候，三色通道的百分百数值总计最好保持在 100%，如图 S4-3 所示为蓝色通道，绿色、红色通道见图 S4-4。)

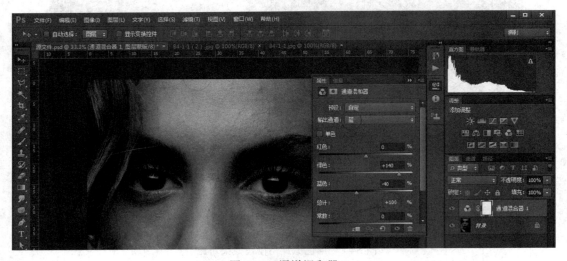

图 S4-3　通道混和器

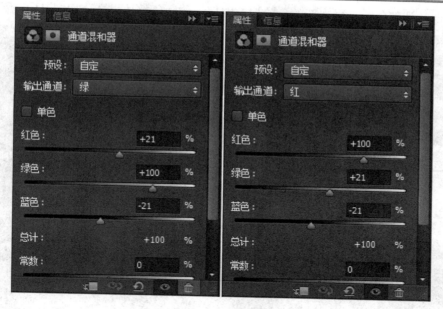

图 S4-4 通道混和器

步骤三：调整色彩平衡。创建新的色彩平衡调整图层，分别调整阴影、高光和中间调区的色调，取掉"保留明度"前的勾选(见图 S4-5)。

图 S4-5 调整色彩平衡

步骤四：调整色阶。创建新的色阶调整图层，将肤色整体提亮，如图 S4-6 所示。

图 S4-6　调整色阶

最终正常肤色效果如图 S4-7 所示。

图 S4-7　最终效果

案例2　黑白照片上色

【案例分析】

通过为黑白照片上色案例的讲解，使读者可熟练掌握色彩平衡、图层混合模式等命令的使用方法。(图 S4-8 为黑白照片上色前后的效果对比。)

33

图 S4-8　黑白照片上色前后效果对比

步骤一：打开黑白照片原图，按组合键 Ctrl + J 复制背景层，如图 S4-9 所示。

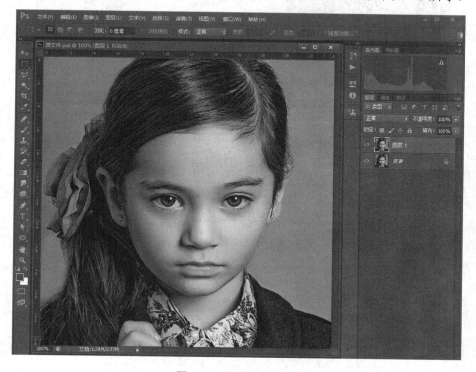

图 S4-9　黑白照片原图

步骤二：整体上色。(注意：上色手段很多，但要有层次地处理肤色还是使用色彩平衡更有效。)如图 S4-10 所示，按组合键 Ctrl + B，或单击菜单"图像"→"调整"→"色彩平衡"，在"色彩平衡"对话框对高光、中间调和阴影分别进行调整。首先调整中间调，调高红色，并适当加强洋红和黄色，这是调整肤色的常用手法(参数设置见图 S4-11)；再点选阴影色调，适当加强红色和绿色(为了能让暗部肤色更有层次)，具体参数见图 S4-12；最后点选高光，青色、洋红及蓝色适当加强(参数设置见图 S4-13)。

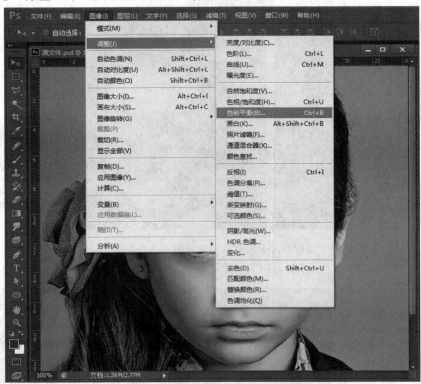

图 S4-10　打开"色彩平衡"

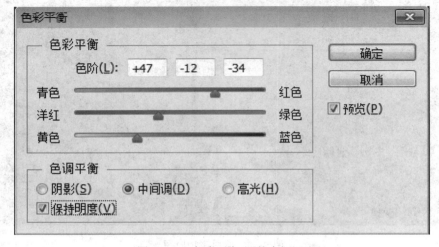

图 S4-11　色彩平衡(调整中间调)

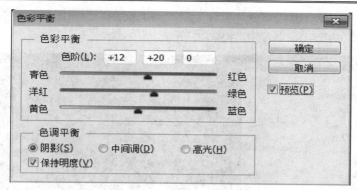

图 S4-12　色彩平衡(调整阴影)

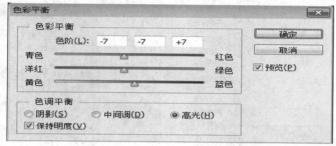

图 S4-13　色彩平衡(调整高光)

步骤三：给脸颊部分加一些腮红使肤色看起来更加健康、红润。新建图层 2，用半径 100 像素的柔边画笔在两侧面颊处单击，如图 S4-14 所示。

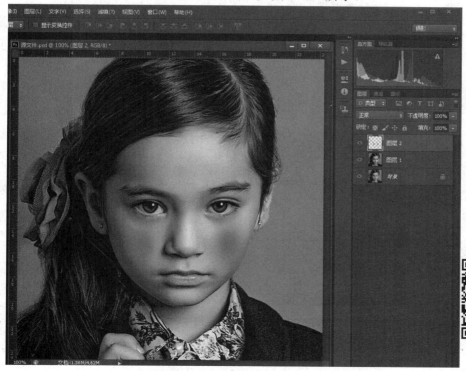

34

图 S4-14　画笔画出面颊红色

步骤四：点击菜单"滤镜"→"模糊"→"高斯模糊"，将图层 2 中面颊红色晕开(如图 S4-15 和图 S4-16 所示)，效果如图 S4-17 所示。

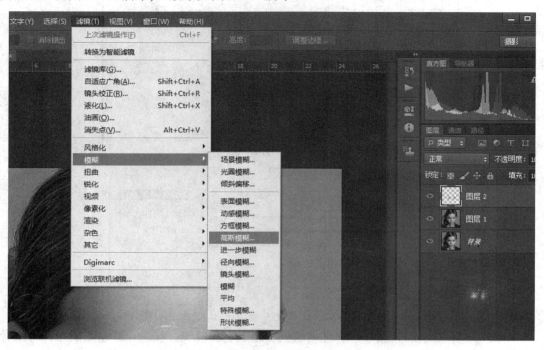

图 S4-15　晕染腮红

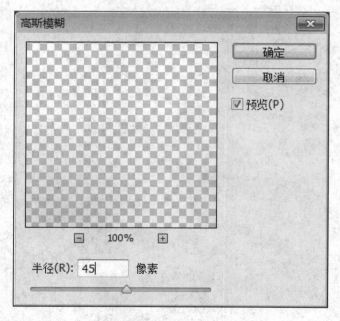

图 S4-16　利用高斯模糊晕开腮红

图 S4-17　晕开后效果

35

步骤五：调整眉眼色调。利用套索工具大致选中眉毛和眼睛后，按
Ctrl + J 复制生成新图层 3，按组合键 Shift + F6 调出羽化选区(如图 S4-18
所示)，羽化半径设置为 5，按组合键 Ctrl + B 调出"色彩平衡"，将阴
影、中间调及高光部分的青色和蓝色稍作增强使眉眼色调偏黑色，具体
设置如图 S4-19 所示。

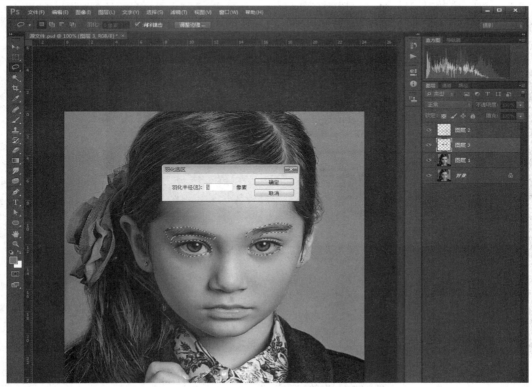

图 S4-18　羽化选区

　　单独选出瞳孔部分，重复上述羽化、调色等步骤，如图 S4-20 所示，将瞳孔调到偏蓝色调。

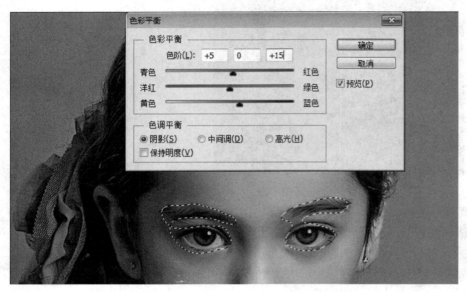

图 S4-19　调整眉眼色调

36

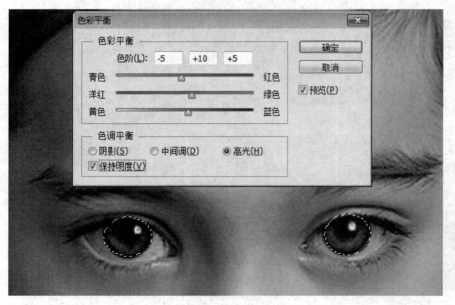

37

图 S4-20　调整瞳孔色调

　　步骤六：嘴唇的色调调整。嘴唇色调的调整是非常重要的步骤，方法基本如上"套索"
→"羽化选区"→"复制图层"→"色彩平衡"，具体参数设置如图 S4-21 所示。

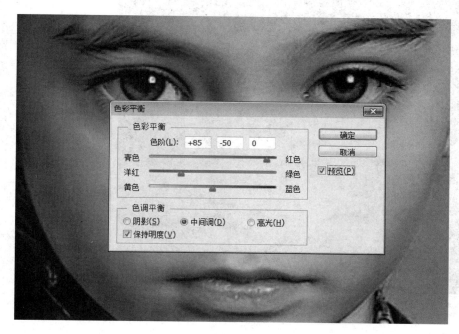

38

图 S4-21　调整嘴唇色调

　　步骤七：肤色的再调整。套索选出所有皮肤的部分，羽化选区(方法同上)后将前景色调
整为肤色，注意图层位置在五官图层的下方(参数设置如图 S4-22 所示)，按组合键 Alt + Delete
填充前景色(如图 S4-23 所示)，并将图层混合模式设为"柔光"(如图 S4-24 所示)。

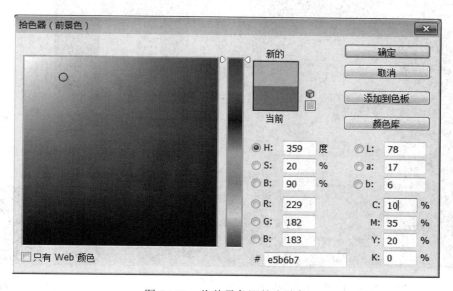

图 S4-22　将前景色调整为肤色

图 S4-23　肤色再调整

39

图 S4-24　图层混合模式"柔光"

40

步骤八：调整发饰、衣服的色彩。方法同步骤七，色彩选择不拘一格，最终效果见图 S4-25 所示。

图 S4-25　最终完成效果

41

五　高阶抠图案例

案例1　利用通道抠图抠出毛发复杂边缘

【案例分析】

　　在图片合成时常常遇到需要抠出主体形象以更换背景的问题。魔术棒、钢笔路径工具便于抠出背景单纯或轮廓相对简单的图形，但当主体形象边缘轮廓是纷乱的毛发时，就需要用到通道来完成抠图工作了。不过，通道抠图也有其局限性，它对需要抠出的部分与背景反差较大，且清晰度较高的图片比较有效(如图 S5-1 所示)。

图 S5-1　抠出图像毛发复杂边缘

图 S5-2　复制红色通道

　　步骤一：打开图片，点击通道调板，查看红、绿、蓝三个通道不同的图像。每个通道下的图像所呈现的灰调对比不同，选择拟抠出图形与背景的对比度最强的通道，复制该通道(拖动该通道的缩览图到新建通道的图标上)。在本图中红色通道的对比最强烈，故复制红色通道生成"红副本"(如图 S5-2 所示)。

　　步骤二：选择"红色通道副本"(此时三个单色通道及 RGB 复合通道均自动隐藏)，按组合键 Ctrl + L 调整色阶，将暗部滑块(左侧滑块)向右移，亮部滑块(右侧滑块)向左移来调整图片的对比度。(注意：掌握合适的对比度，太过会导致边缘毛发的信息丢失，不足则不利于干净、完整地抠除背景，建议在调整色阶时放大图片以便于观察边缘局部细节，并点选预览以确认效果，如图 S5-3 所示。)

S5-3　调整色阶

　　步骤三：点击画笔(柔边)工具将包括眼睛在内的所有轮廓内部的黑、灰色部分全部涂抹成白色，注意保护边缘的柔毛轮廓不被破坏，如图 S5-4 所示。

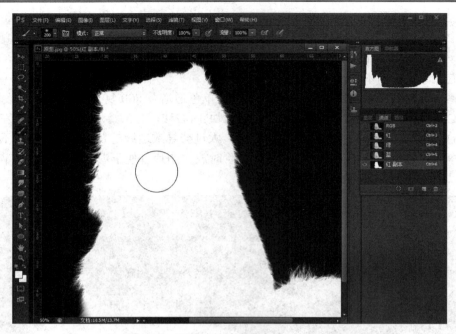

图 S5-4　画笔涂抹轮廓内灰、黑色部分

步骤四：按 Ctrl 键，同时点击"红副本"，生成选区后，单击 RGB 复合通道恢复原图样貌，如图 S5-5 所示。

图 S5-5　生成选区

步骤五：返回图层调板，复制背景选区。隐藏背景层可见复杂轮廓已经完整被抠出，如图 S5-6 所示，可在图层 1 下新建图层填充色彩以检验毛发抠出效果，如图 S5-7 所示。最终抠出效果如图 S5-8 所示。

图 S5-6　抠出图形

图 S5-7　检验边缘抠出效果

图 S5-8　最终抠出效果

案例 2　透明玻璃瓶的抠图与合成

【案例分析】

　　本案例通过对透明物体——玻璃瓶的抠图讲解，引导读者学习综合运用钢笔路径、图层混合模式、应用图像等多个工具命令以完成精细抠图的方法。图 S5-9 为透明玻璃瓶原图与抠图后最终效果的对比。

图 S5-9　原图与最终效果图对比

　　步骤一：打开原图，用钢笔路径工具勾出玻璃瓶的不透明部分，如图 S5-10 所示)。

图 S5-10　路径抠出非透明部分

步骤二：按组合键 Ctrl + Enter 将路径转为选区，再按 Ctrl + J 复制生成图层 1，该局部的位置不会发生改变，如图 S5-11 所示。

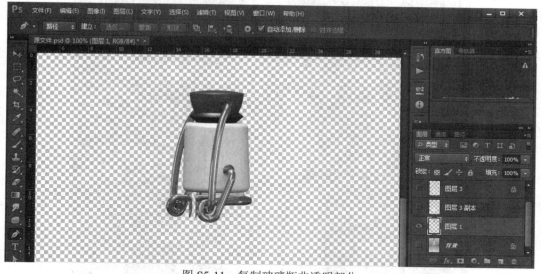

图 S5-11 复制玻璃瓶非透明部分

步骤三：返回背景图层，同样使用钢笔路径工具抠出玻璃瓶体(注意：图层 3、图层 3 副本为瓶体的印花，系单独绘制的图层，不必抠出)，如图 S5-12 所示。

图 S5-12 抠出玻璃瓶体

步骤四：拖入拟换的背景图层 6 放至图层 5 下方，可见玻璃瓶虽已抠出，但与新背景格格不入，效果生硬，如图 S5-13 所示。

图 S5-13　插入新背景图层

步骤五：设置图层 5 的混合模式为"正片叠底"，虽然玻璃瓶与背景的融合度有了，但玻璃显得暗淡，质感弱，如图 S5-14 所示。

图 S5-14　设置图层混合模式

步骤六：复制图层 5 为"图层 5 副本"，图层 5 副本选择"应用图像"命令，将混合模式设定为"正片叠底"，如图 S5-15 所示。

图 S5-15　应用图像命令

　　步骤七：重复两次使用"应用图像"命令，设置图层 5 副本的混合模式为"滤色"，锁定该图层的透明像素后，用柔边画笔适当喷涂透明玻璃瓶身，喷出精确的边缘，如图 S5-16 所示。最终合成效果如图 S5-17 所示。

图 S5-16　两次应用图像命令

图 S5-17　最终合成效果

六　滤　镜　案　例

案例 1　运用彩色半调滤镜制作网点人像

【案例分析】

　　网点是印刷工艺中灰色调的点状表现,在印刷过程中图像都是借由网点的疏密来表现,并通过 CMYK 四色网点混合来表现无穷多的颜色。本案例运用彩色半调滤镜完成网点人像的制作,在版式设计中,图像的网点化可以大大丰富图片的编辑处理手段。图 S6-1 所示为本案例中原图与网点效果的对比。

图 S6-1　原图与网点效果对比图

　　步骤一:打开"切·格瓦拉"的黑白图片文件(包含灰色过渡的图片为佳)。

　　步骤二:单击选择菜单"滤镜"→"像素化"→"彩色半调",如图 S6-2 所示,可见"彩色半调"弹窗(见图 S6-3),将网点最大半径设置为 10 像素,通道网角均设置为 45°(也可依据设计需要调整最大半径和网角的参数,半径值越小,半调图案中的圆点就越小、越多。一般而言,常用的网角度数为 90°、70°、45°)。得出网点效果如图 S6-4 所示。

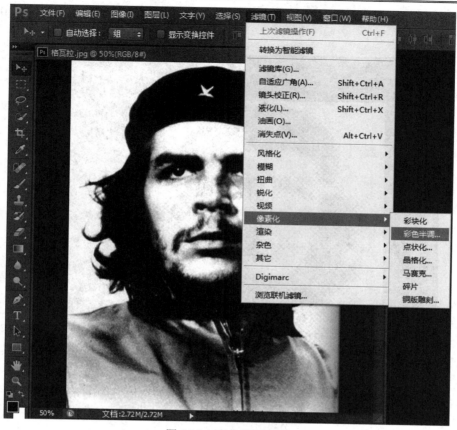

图 S6-2　彩色半调路径

图 S6-3　"彩色半调"弹窗　　　　　　　　　　图 S6-4　彩色半调

　　步骤三：打开通道调板，按住 Ctrl 键，点击红、绿、蓝任意一个通道即可得出白色区域的选区，再按组合键 Ctrl + Shift + I 进行反选(或者单击选择菜单"选择"→"反向")，这样所有的网点就都被选中了，如图 S6-5 所示。

　　步骤四：返回复合通道，并打开图层调板，新建图层，在新图层内填充前景色(按组合键 Alt + Del，或 Shift + F5 均可填充前景色)，隐藏背景图层后得出网点人像效果，如图 S6-6 所示。

图 S6-5　生成选区

图 S6-6　填充前景色

　　另外，还可以对网点效果进行再编辑。如：(1) 锁定透明像素对网点进行色相渐变填充，如图 S6-7 所示；(2) 创造空心网点效果，按 Ctrl 键单击网点图层，得到选区后单击选择菜单"选择"→"修改"→"收缩"收缩 4 像素后点击 Delete 后即得到空心网点效果，如图 S6-8 所示。

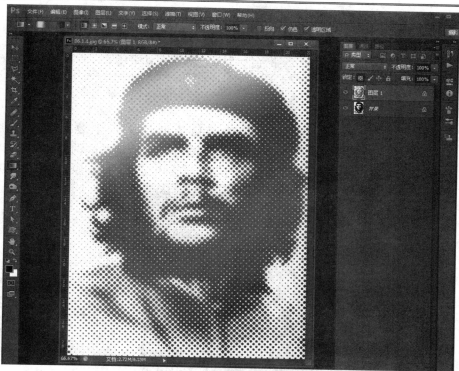

图 S6-7　色相渐变填充效果

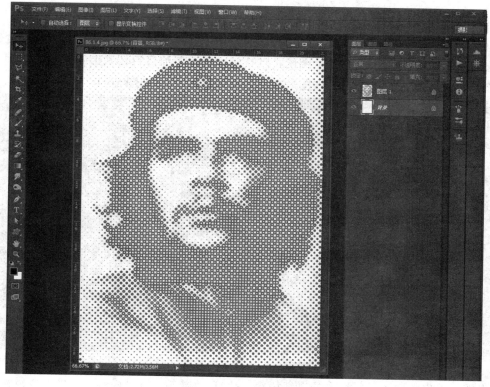

图 S6-8　空心网点效果

案例 2   减少杂色美化皮肤

【案例分析】

　　本案例讲解利用 Photoshop 进行快速美化皮肤修图，主要运用了磨皮插件
"Portraiture"结合污点修复、曲线 Photoshop 动作命令来完成皮肤的调整和美化，没有复
杂的程序，运用基础的方法，就能完成很好的皮肤质感和细节还原。原图如图 S6-9 所示。

42

图 S6-9　原图

【方法一】

　　步骤一：打开西班牙摄影师 Cristina Hoch 拍摄的雀斑人像摄影高清图片素材。按组合
键 Ctrl + J 复制背景图层(因为背景图层是默认锁定的，不能进行特殊编辑，故需复制一个
普通图层便于操作，也便于对比修图后做前后效果的比对)，如图 S6-10 所示。

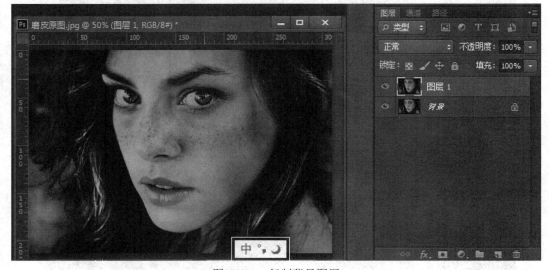

图 S6-10　复制背景图层

　　步骤二：将图层 1 进行适当的高斯模糊。执行 "滤镜"→"模糊"→"高斯模糊"命

令，在高斯模糊弹窗中设置半径为 7 像素，如图 S6-11 所示。(注意：参数值可以根据需要调节，数值越大则模糊度越高。)

图 S6-11 高斯模糊命令

步骤三：为图层 1 添加蒙版。按下 Alt 键的同时，单击图层面板底部的添加图层蒙版按钮，为图层 1 添加一个黑色蒙版，这时图像会再度恢复清晰，如图 S6-12 所示。(添加黑色蒙版的作用是接下来的操作中能够将图层 1 局部有选择地隐藏和显现。)

图 S6-12 添加图层蒙版

步骤四：在蒙版上用画笔涂抹出需要磨皮的局部。选择画笔工具，不透明度设定在 40% 左右(这样力度相对比较容易控制)，并依据画面的局部设定画笔半径的大小，之后在黑色蒙版上对需要磨皮的地方进行单击或涂抹。

注意：

① 在蒙版上操作，切勿在图层编辑；

② 涂抹时务必仔细，可以在有雀斑的地方多涂抹几次，直到完全消除为止；

③ 轮廓边缘处不要涂抹，否则会使画面看起来过于模糊。

高斯模糊磨皮是简单而常用的磨皮方法，磨皮效果如图 S6-13 所示，皮肤质感有一定程度的失真。相比之下，下面要介绍的通道计算磨皮的手段则可以保留更多皮肤细节，达到更好的视觉效果。

43

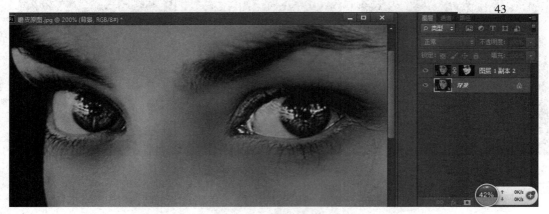

图 S6-13   画笔涂抹磨皮局部

【方法二】

步骤一：先用污点修复画笔将皮肤上明显的斑点修掉，如图 S6-14 所示，还可以用减淡工具将面部过暗处稍稍提亮，修复时注意保留面部的发丝等细节。

44

图 S6-14   污点修复

步骤二：找到画面效果看起来比较脏的通道进行计算。打开通道调板，分别观察红、绿、蓝三个通道，蓝色通道看起来最脏(如图 S6-15 所示)，打开蓝色通道并拖至调板底部的创建新通道按钮上，得到蓝副本通道(如图 S6-16 所示)。

红色通道　　　　　　　　　　绿色通道　　　　　　　　　　蓝色通道

图 S6-15　三色通道对比

图 S6-16　复制蓝色通道

步骤四：高反差保留。此步骤的目的是选出面部剩余不干净的杂点。执行"滤镜"→"其它"→"高反差保留"命令，设置半径参数为 5，如图 S6-17 所示。这个半径参数值可以根据自己的需要进行调节。

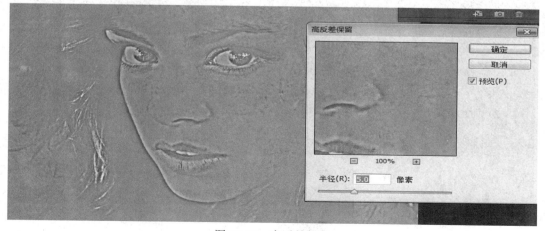

图 S6-17　高反差保留

步骤五：为了加大面部肤色的明暗反差对比，执行"图像"→"计算"命令，将混合模式选择为"叠加"，其余的选项默认不变，如图 S6-18 所示。(注意：对蓝副本通道进行三次叠加计算，以使图像的反差更明显。)

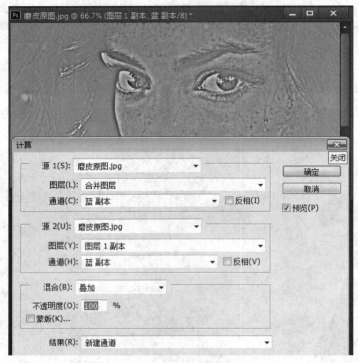

图 S6-18　图像计算叠加

步骤六：按住 Ctrl 键载入选区。按住 Ctrl 键，同时单击 Alpha3，将 Alpha3 作为选区载入，如图 S6-19 所示，此时选中的是通道中白色的区域，因此还需反选才能将脏的部分选中。按组合键 Ctrl + Shift + I 反选选区。

图 S6-19　载入选区

　　步骤七：曲线调整蓝副本通道和 RGB 复合通道的亮度。点击图层调板底部的"创建新的填充或调整图层"按钮，在弹出的菜单中选择"曲线"命令，适当调整蓝副本通道和 RGB 复合通道的亮度，如图 S6-20 所示。磨皮完成后的效果对比如图 S6-21 所示。

45

图 S6-20　曲线调整

图 S6-21　磨皮前后图像效果对比

46

　　与前两种方法相比，下载磨皮插件来完成皮肤的美化则更加便利。

【方法三】

步骤一：将已经下载好的磨皮插件"Portraiture"复制到 Photoshop 安装目录的"Plug-ins"文件夹中(Photoshop 所有的滤镜都存放于此文件夹内)，如图 S6-22 所示。

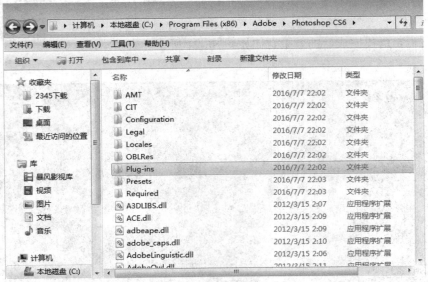

图 S6-22　安装 Portraiture 插件

步骤二：打开需磨皮的图片，按组合键 Ctrl + J 复制背景层后，执行"滤镜"→"Imagenomic"→"Portraiture"命令，如图 S6-23 所示。

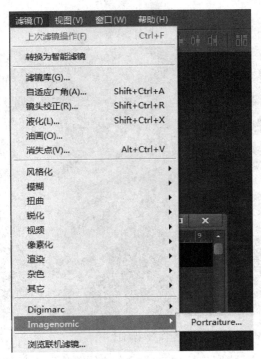

图 S6-23　磨皮插件命令

步骤三：在 Portraiture 插件弹窗中设置参数如图 S6-24 所示，一键完成皮肤美化命令。磨皮后效果如图 S6-24 下方所示。

图 S6-24 磨皮参数设置

47

参 考 文 献

[1]　雷波. 中文版 Photoshop CS6 标准教程. 北京：中国电力出版社，2014.

[2]　李丹. Photoshop CS6 精通与实战. 石家庄：河北美术出版社，2015.

[3]　李金蓉. 突破平面 Photoshop CS6 设计与制作深度剖析. 北京：清华大学出版社，
　　　2013.

[4]　吴国新. Photoshop CS6 平面设计应用案例教程. 北京：清华大学出版社，2015.

[5]　赵博. Photoshop CS6 中文版基础培训教程. 北京：人民邮电出版社，2014.

[6]　美国 Adobe 公司. Adobe Photoshop CS6 中文版经典教程. 北京：人民邮电出版社，
　　　2014.